Diese Mitteilungen setzen eine von Erich Regener begründete Reihe fort, deren Hefte auf der vorletzten Seite genannt sind.

Das Max-Planck-Institut für Aeronomie vereinigt zwei Institute, das Institut für Stratosphärenphysik und das Institut für Ionosphärenphysik.

Ein (S) oder (I) beim Titel deutet an, aus welchem Institut die Arbeit stammt.

Anschrift der beiden Institute:

                      3411 Lindau

ÜBER DEN ZUSAMMENHANG ZWISCHEN RÖNTGENSTRAHLUNGS-

AUSBRÜCHEN IN DER POLARLICHTZONE UND BAYARTIGEN

ERDMAGNETISCHEN STÖRUNGEN

von

GERHARD KREMSER

ISBN 978-3-540-03184-0   ISBN 978-3-662-13244-9 (eBook)
DOI 10.1007/978-3-662-13244-9

Inhaltsverzeichnis

1. Einleitung .... Seite 5
2. Die bayartige erdmagnetische Störung 7
3. Darstellung des Zusammenhanges zwischen Röntgenstrahlungs-Ausbrüchen und bayartigen erdmagnetischen Störungen am Beispiel der Ereignisse am 22. Juni 1961 10
   3.1 Das Beobachtungsmaterial 10
   3.2 Ereignisse am 22. Juni 1961, Kiruna-Gruppe 12
   3.3 Ereignisse am 22. Juni 1961, Östliche Gruppe 19
   3.4 Ereignisse am 22. Juni 1961, Gegenüberliegende Gruppe 23
   3.5 Ereignisse am 22. Juni 1961, Westliche Gruppe 26
   3.6 Ereignisse am 22. Juni 1961, Polarkappe 29
   3.7 Ereignisse am 22. Juni 1961, Polarlichtzone 33
   3.8 Ereignisse am 22. Juni 1961, Äquatorstationen 35
   3.9 Zusammenfassung der Beobachtungen während der Ereignisse am 22. Juni 1961 37
4. Weitere Beispiele für den Zusammenhang zwischen Röntgenstrahlungs-Ausbrüchen und bayartigen erdmagnetischen Störungen 37
5. Ergebnisse der Untersuchungen des Zusammenhanges zwischen Röntgenstrahlungs-Ausbrüchen und Magnetfeld-Störungen 45
   5.1 Zusammenfassung aller Beobachtungstatsachen und Aufstellung eines schematischen Bildes der Zusammenhänge 45
   5.2 Folgerungen aus den Beobachtungen 47
6. Beziehungen zu anderen geophysikalischen Ereignissen in der Polarlichtzone 48
   6.1 Polarlicht 48
   6.2 Ionisationserscheinungen in der untersten Ionosphäre 51
7. Zusammenfassung und Schluß 53

   Verzeichnis der magnetischen Registrierstationen 55

   Zusammenstellung der benutzten Abkürzungen 56

   Literaturverzeichnis 57

1. Einleitung

Raketenaufstiege in der Polarlichtzone haben gezeigt, daß in Höhen über 40 km relativ häufig niederenergetische Röntgenstrahlung mit ca. 10 keV Quantenenergie auftritt. [25, 27, 37]. Diese Strahlung kann durch Ballonaufstiege nicht nachgewiesen werden, da sie schon oberhalb der Höhen, die man mit Ballonen erreicht (30 km bis 35 km), völlig absorbiert wird. Dort wurde jedoch - wenn auch seltener - der Einfall energiereicherer Röntgenstrahlung (20 keV - 100 keV) beobachtet [3, 4, 6, 10, 31, 40, 42, 43], in wenigen Fällen auch außerhalb der Polarlichtzone [39, 41].

Bereits aus den ersten Messungen [25, 27, 37] folgerte man, daß es sich bei dieser Röntgenstrahlung um Elektronen-Bremsstrahlung handeln müsse. Raketenaufstiege während sichtbaren Polarlichtes haben später diese Deutung bestätigt [15, 26]. Elektronen fallen in die Atmosphäre ein und werden in etwa 100 km Höhe abgebremst. Dabei entstehen Röntgenstrahlungs-Photonen, die wesentlich tiefer eindringen können. Bis heute ist aber noch nicht geklärt, woher diese primären Elektronen stammen. Die naheliegende Hypothese, sie würden im Strahlungsgürtel gespeichert und dann während magnetischer Störungen in die Atmosphäre eingeschleust, war nicht länger haltbar, als Röntgenstrahlungs-Ausbrüche so großer Intensität registriert wurden, daß der Strahlungsgürtel als Quelle einfach nicht ausgereicht hätte [28, 43]. Andererseits können die schnellen Elektronen auch nicht direkt in den Plasmawolken von der Sonne kommen. Daher nimmt man jetzt an, daß sie in der Magnetosphäre beschleunigt werden. Die dazu notwendigen Beschleunigungs-Vorgänge müssen irgendwie durch die Wechselwirkungen zwischen solaren Plasmawolken und dem Magnetfeld der Erde in Gang gesetzt und aufrecht erhalten werden. Einzelheiten darüber sind jedoch noch nicht bekannt.

Da dieselben Wechselwirkungen andererseits auch Magnetfeld-Störungen hervorrufen, liegt es nahe, zunächst wenigstens nach einer Beziehung zwischen diesen Störungen und den Ausbrüchen zu suchen, um dann daraus eventuell auf die Beschleunigungs-Mechanismen selbst schließen zu können. Daher wird in fast allen Arbeiten über Röntgenstrahlungs-Ausbrüche auch auf den Zusammenhang mit Magnetfeld-Störungen eingegangen [3, 4, 6, 10, 31, 39 - 43].

So wurde z. B. schon auf den gleichzeitigen Beginn von Röntgenstrahlungs-Ausbrüchen und Mikropulsationen hingewiesen [12, 13]. Ferner wurde das in einigen Fällen beobachtete Auftreten von Röntgenstrahlung während plötzlicher Sturmanfänge (s.s.c.) eingehend untersucht und diskutiert [20, 29].

Zu einem besonderen Problem hat sich die Frage nach dem Zusammenhang mit bayartigen erdmagnetischen Störungen entwickelt, die von AKASOFU und CHAPMAN [2] auch als "polar magnetic substorm" klassifiziert werden. Denn es gibt Fälle, in denen am gleichen Ort gleichzeitig Röntgenstrahlungs-Ausbrüche und diese magnetischen Störungen registriert wurden, aber auch solche, in denen während eines Ausbruches kein Anzeichen einer derartigen Störung in der Nähe des Ballonortes feststellbar war. Dieser - wie im folgenden gezeigt wird - scheinbar widersprüchliche Wechsel von deutlichem zu nahezu fehlendem Zusammenhang zwischen den beiden Ereignissen hat den Anlaß zu der vorliegenden Arbeit gegeben. In ihr wird

1. der weltweite Charakter der bayartigen erdmagnetischen Störung auf der Grundlage des Stromsystems von SILSBEE und VESTINE [35] beschrieben (Kap. 2),
2. gezeigt, daß größere Röntgenstrahlungs-Ausbrüche (Dauer 1 Std. und mehr) stets gleichzeitig mit diesen Störungen auftreten (Kap. 3, 4, 5.1) und, daß
3. dieser systematische Zusammenhang bisher wohl deswegen übersehen wurde, weil man nur die gleichzeitig in Ballonnähe, also lokal, registrierten Magnetfeld-Variationen daraufhin näher untersucht hat (Kap. 5.2).

Ferner wird

4. versucht, aus der Art des beobachteten Zusammenhanges Schlüsse über die kausalen Beziehungen zwischen den beiden Ereignissen zu ziehen (Kap. 5.2),

und schließlich

5. die Hypothese diskutiert, daß die Röntgenstrahlungs-Ausbrüche zu einem Gesamtkomplex von Ereignissen in der Polarlichtzone gehören, die alle durch Partikeleinfall hervorgerufen werden und irgendwie über den noch nicht genau bekannten Beschleunigungs-Mechanismus miteinander verknüpft sind (Kap. 6).

2. Die bayartige erdmagnetische Störung

Den Ausgangspunkt für die Lösung des vorliegenden Problems sehen wir in einer eingehenden Charakterisierung der bayartigen erdmagnetischen Störung. Dieser Typ ist phänomenologisch schon lange bekannt. Der Name bayartige Störung oder auch Baystörung ist darauf zurückzuführen, daß sie in den magnetischen Registrierungen in mittleren Breiten häufig als bayförmige Ausbuchtung von 1 bis 4 Std. Dauer erscheint. Heute wird versucht, sie als einfachste Form eines magnetischen Sturmes aufzufassen. Daher wird sie von AKASOFU und CHAPMAN [2] jetzt auch als "polar magnetic substorm" bezeichnet. Größere magnetische Stürme sollen durch Überlagerung solcher "polar magnetic substorms" entstehen.

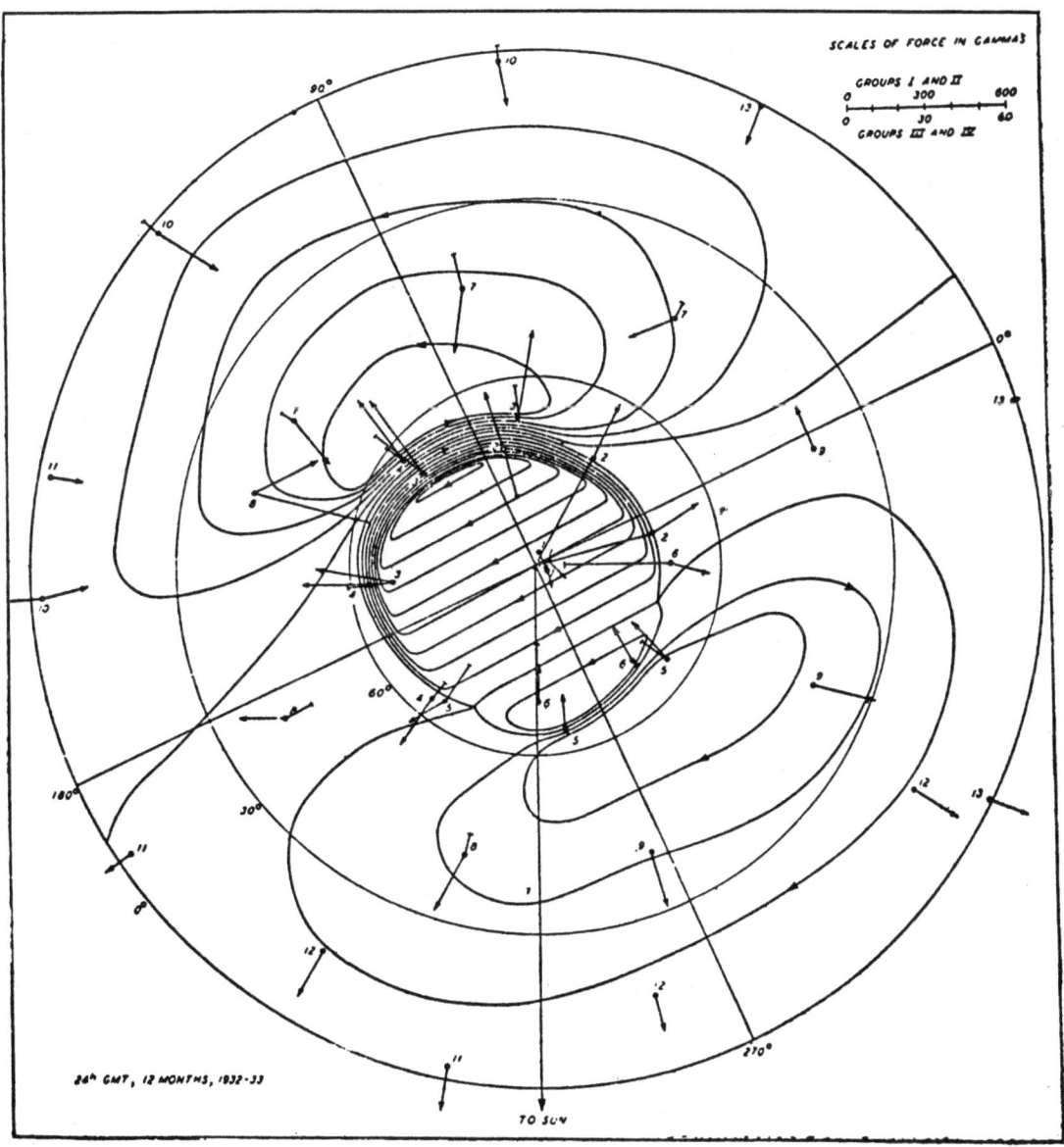

Abb. 1: Baystromsystem nach SILSBEE und VESTINE [35]. Dargestellt ist ein Stromsystem, das das magnetische Störungsfeld einer mittleren Bay in der Maximalphase hervorrufen kann.

2.0

Die Auswertung von Magnetogrammen vieler über die ganze Erde verteilter Stationen hat nun ergeben, daß diese Störung eine deutliche Abhängigkeit der Richtung und des Betrages des magnetischen Störungsvektors vom geographischen Ort der Registrierstation und der Ortszeit ihres Auftretens zeigt. Diese wurde mehrfach beschrieben (z. B. [19, 35]).

Abb. 1 zeigt eine Darstellung von SILSBEE und VESTINE [35]. Diese Autoren haben Magnetfeld-Registrierungen von 13 Stationen aus dem internationalen Polarjahr 1932/33 analysiert; und zwar haben sie den mittleren magnetischen Störungsvektor in der Maximalphase bayartiger Störungen (unter angenäherter Berücksichtigung der im Erdinnern induzierten Ströme) in Abhängigkeit von der Tageszeit des Auftretens der Störung bestimmt.

Um ein Momentbild der bayartigen Störung zu geben, haben sie dann diese Störungsvektoren für 24 UT in Abb. 1 eingezeichnet (geomagnetische Koordinaten). Dabei wurde die Horizontalkomponente H dieser Vektoren als Pfeil dargestellt, dessen Richtung sich aus dem Verhältnis der Nordkomponente X (positiv nach Norden) und der Ostkomponente Y (positiv nach Osten) ergibt. Die Vertikalkomponente Z ist als Gerade, die durch einen Querstrich begrenzt ist, eingezeichnet. Die Gerade zeigt zum Pol, wenn Z positiv ist, von ihm weg, wenn Z negativ ist.

Da aber die 13 Vektoren für eine eingehende Diskussion nicht ausgereicht hätten, haben sie außerdem noch diejenigen von 21 UT und 03 UT verwendet. Diese zusätzlichen Vektoren wurden wie diejenigen von 00 UT an fiktiven Stationen, die auf demselben Breitenkreis liegen wie die tatsächlichen Stationen, deren Länge sich aber um $\pm 45°$ davon unterscheidet, eingezeichnet. Diese Verschiebung entspricht etwa dem Zeitunterschied von ± 3 Std. gegenüber 24 UT.

Daher findet man in Abb. 1 stets drei Vektoren, die mit der gleichen Zahl (Nummer der Station) gekennzeichnet sind. Von diesen ist der mittlere Vektor derjenige von 24 UT, der westliche derjenige von 21 UT, der östliche derjenige von 03 UT.

Durch diesen Kunstgriff, der nur möglich ist, wenn zeitliches und räumliches Mittel des Störungsfeldes gleich sind, konnten die Autoren die Dichte der Störungsvektoren so weit vergrößern, daß eine übersichtliche Darstellung des Störungsfeldes möglich wurde.

In Abb. 1 ist außerdem ein Stromsystem eingezeichnet, daß in 150 km Höhe fließend, gerade das dargestellte magnetische Störungsfeld hervorrufen würde. In diesem Stromsystem sind deutlich zwei starke Ströme in der Polarlichtzone zu erkennen (geogr. Breite $\varphi = 67°$). Sie bilden zusammen mit ihren flächenhaften Rückenströmen, die teilweise über die Polarkappe, teilweise in mittleren Breiten fließen, vier Stromwirbel. Wichtiges Kennzeichen dieses Stromsystems sind:

1. Das Stromsystem hat in bezug auf die Richtung zur Sonne eine feste Lage.
2. Der nachtseitige nach Westen fließende Strom in der Polarlichtzone ist wesentlich stärker als der tagseitige nach Osten fließende. Die Maxima der beiden Ströme liegen im Idealfall nach Ortszeit etwas nach Mitternacht bzw. Mittag.
3. Die beiden Ströme in der Polarlichtzone und die dazugehörigen Rückströme in mittleren Breiten sind einander entgegengesetzt gerichtet.
4. Dort, wo sich die beiden entgegengesetzt gerichteten Polarlichtzonen-Ströme bzw. die jeweiligen Rückströme in mittleren Breiten treffen, entstehen neutrale stromlose Zonen, in denen man keine bayartigen Störungen registrieren kann. Diese Zonen liegen gegen 09 Uhr Ortszeit (LT) und 20 LT.

Gemäß Abb. 1 ergibt sich für das Vorzeichen und den Betrag von H folgendes Schema:

	Nachtseite	Tagseite	H
Polarkappe	(+)	(-)	150 γ
Polarlichtz.	-	+	450 γ
Mittlere Br.	+	-	40 γ
Äquator	+	-	30 γ

Wenn man, wie es in dieser Arbeit getan wird, individuelle Störungen mit dem Bild dieser mittleren Störung vergleichen will, so muß man berücksichtigen, daß vor allem in zwei Punkten Abweichungen auftreten können:

Erstens sind die Ströme auf der Tagseite oft viel schwächer, sie fehlen manchmal sogar völlig. Denn in diesem Bild ist ja nur der mittlere maximale Störvektor aber nicht die Häufigkeit seines tatsächlichen Auftretens zu bestimmten Tageszeiten berücksichtigt. Die Stromlinien müßten eigentlich noch mit Gewichten versehen sein, welche die Häufigkeit ihrer wirklichen Ausprägung darstellen.

Zweitens ist die Lage des gesamten Stromsystems zwar für jede Störung fest, kann sich aber von einer Störung zur anderen stark ändern, so daß die Maxima und die neutralen Zonen bis zu drei Stunden früher oder später als im mittleren Stromsystem auftreten können.

Außerdem hat FUKUSHIMA [19] gezeigt, daß der Verlauf einer bayartigen Störung nicht nur in einem Anwachsen und Abschwächen der Ströme dieses Systems besteht, sondern daß gleichzeitig noch eine Dehnung des nachtseitigen Teiles und eine Drehung des gesamten Stromsystemes stattfinden. FUKUSHIMA führt diese Änderungen darauf zurück, daß der nachtseitige Polarlichtzonen-Strom sein Maximum etwa 10 bis 20 Minuten früher erreicht, als der tagseitige. Weiterhin hat FUKUSHIMA festgestellt, daß die bayartige Störung nicht überall gleichzeitig beginnt. Doch hat er keine Angaben über eine mögliche systematische longitudinale Abhängigkeit des Störungsanfanges gemacht.

Man kann daher nicht erwarten, daß jede Störung in genau gleicher Weise auf den Magnetogrammen erscheint, nicht einmal, daß sie zur genau gleichen Zeit beginnt. Wenn man feststellen will, ob es sich in dem einzelnen Falle um eine bayartige Störung handelt oder nicht, wird man sich also damit begnügen müssen, nur die wichtigsten der oben genannten Kennzeichen einer bayartigen Störung aufzusuchen.

Aus dieser Beschreibung der bayartigen erdmagnetischen Störung folgt, daß es offenbar nicht möglich ist - wie es in der Literatur häufig versucht wurde - , schon aus der Untersuchung der Magnetogramme einer einzelnen Station zu entscheiden, ob gleichzeitig mit dem Röntgenstrahlungs-Ausbruch eine bayartige erdmagnetische Störung aufgetreten ist oder nicht. Denn, wenn man kein Anzeichen einer solchen Störung auf den Magnetogrammen findet, so kann die neutrale Zone sich gerade in der Nähe dieser Station befunden haben oder das manchmal nur sehr schwache tagseitige Stromsystem. Wenn dagegen tatsächlich eine bayförmige Ausbuchtung auf den Magnetogrammen dieser Station erscheint, kann erst durch einen Vergleich mit den Registrierungen anderer Stationen entschieden werden, ob diese Ausbuchtung tatsächlich einer bayartigen Störung mit ihrem w e l t w e i t e n Charakter oder nur irgendeiner l o k a l e n Störung zuzuschreiben ist.

Im Zusammenhang mit der Beschreibung der bayartigen erdmagnetischen Störung muß noch auf eine weitere Tatsache hingewiesen werden. Obwohl nämlich die Charakteristika dieser Störung recht genau definiert sind, weiß man noch sehr wenig über ihre Entstehung. Daher kann man das einfache Stromsystem, wie es z. B. in Abb. 1 dargestellt ist, nur zur Beschreibung, nicht zur Erklärung der bayar-

tigen erdmagnetischen Störungen heranziehen. Folgende grundsätzliche Schwierigkeiten dürfen nicht
übersehen werden: Die registrierten Magnetfeldvariationen sind sicher nur teilweise auf Ströme in der
Ionosphäre zurückzuführen. Sie entstehen tatsächlich aus der Überlagerung eines "äußeren" (ionosphärischen) und eines "inneren" Anteiles (hervorgerufen durch Ströme, die von den in der Ionosphäre fließenden im Erdinnern induziert werden). Die Trennung dieser beiden Anteile ist zwar grundsätzlich möglich, wird aber erschwert durch die ungleichförmige Verteilung der elektrischen Leitfähigkeit in der
Erdkruste [18, 23, 30, 33, 34].

Aber selbst aus einem genau bekannten äußeren Anteil kann man nicht ohne weiteres das erzeugende
Stromsystem ableiten, weil der Schluß vom Magnetfeld auf das Stromsystem nicht eindeutig ist. Heute
zweifelt zwar niemand an dem Vorhandensein der Polarlichtzonen-Ströme, aber die hier dargestellten
großflächigen Rückströme sind experimentell nicht nachgewiesen. Die Polarlichtzonen-Ströme können
sich auch weit oberhalb der Ionosphäre erst irgendwo in der Magnetosphäre zu Stromkreisen schließen.
Daher ist es auch noch nicht möglich, irgendwelche elektrischen Felder, die zur Erzeugung der Ströme
nötig sind, in Verbindung mit den Beschleunigungs-Mechanismen zu bringen, jedenfalls nicht quantitativ.

3. Darstellung des Zusammenhanges zwischen Röntgenstrahlungs-Ausbrüchen und bayartigen erdmagnetischen Störungen am Beispiel der Ereignisse vom 22. 6. 1961

3.1 Das Beobachtungsmaterial

Die Strahlungsmessungen für die Untersuchungen stammen von Ballonaufstiegen, die von einer
Gruppe des Max-Planck-Instituts für Aeronomie in den Jahren 1960 und 1961 in Kiruna/Schweden durch-
geführt wurden und von je einem Aufstieg über College [11] und Ft. Churchill [38], die sich beide mit
Aufstiegen aus Kiruna überlappen. Davon werden in diesem Kapitel nur die Aufstiegsergebnisse vom
22. Juni 1961 behandelt, um an einem Beispiel ausführlich die Art des Vorgehens deutlich zu machen.
Die Diskussion der übrigen Strahlungsmessungen erfolgt im nächsten Kapitel in einer kürzeren Form.

Kopien von Magnetfeld-Registrierungen haben fast 50 Stationen auf Anforderung zur Verfügung gestellt. Die Magnetogramme wurden auf einen einheitlichen Zeitmaßstab umgezeichnet, doch wurde darauf verzichtet, sie auch auf einen gleichen Skalenwert zu transformieren. Es wäre nicht einheitlich
durchführbar gewesen, da die Störungsamplituden in hohen Breiten im allgemeinen etwa 10 mal so hoch
sind wie in mittleren und niederen Breiten. Daher ist in den Zeichnungen für jede Kurve neben dem
Richtungspfeil die der Pfeillänge entsprechende Amplitude vermerkt. Diese muß bei der Beurteilung
der Störungen berücksichtigt werden. In Abb. 2 ist der größte Teil dieser Stationen eingezeichnet. Sie
wurden für die Untersuchungen in 7 Gruppen eingeteilt. Die ersten vier Gruppen umfassen die Stationen
mit folgenden geomagnetischen Längen:

I. "Kiruna-Gruppe" $71° \leq \Lambda \leq 128°$ (Kiruna hat die geomagnetische Länge $\Lambda = 115°.9$)

II. "Östliche Gruppe" $179° \leq \Lambda \leq 243°$

III. "Gegenüberliegende Gruppe" $260° \leq \Lambda \leq 337°$

IV. "Westliche Gruppe" Λ zwischen $347°$ und $71°$

(Die Bezeichnungen der Gruppen ergeben sich aus ihrer Lage gegenüber der Kiruna-Gruppe.)

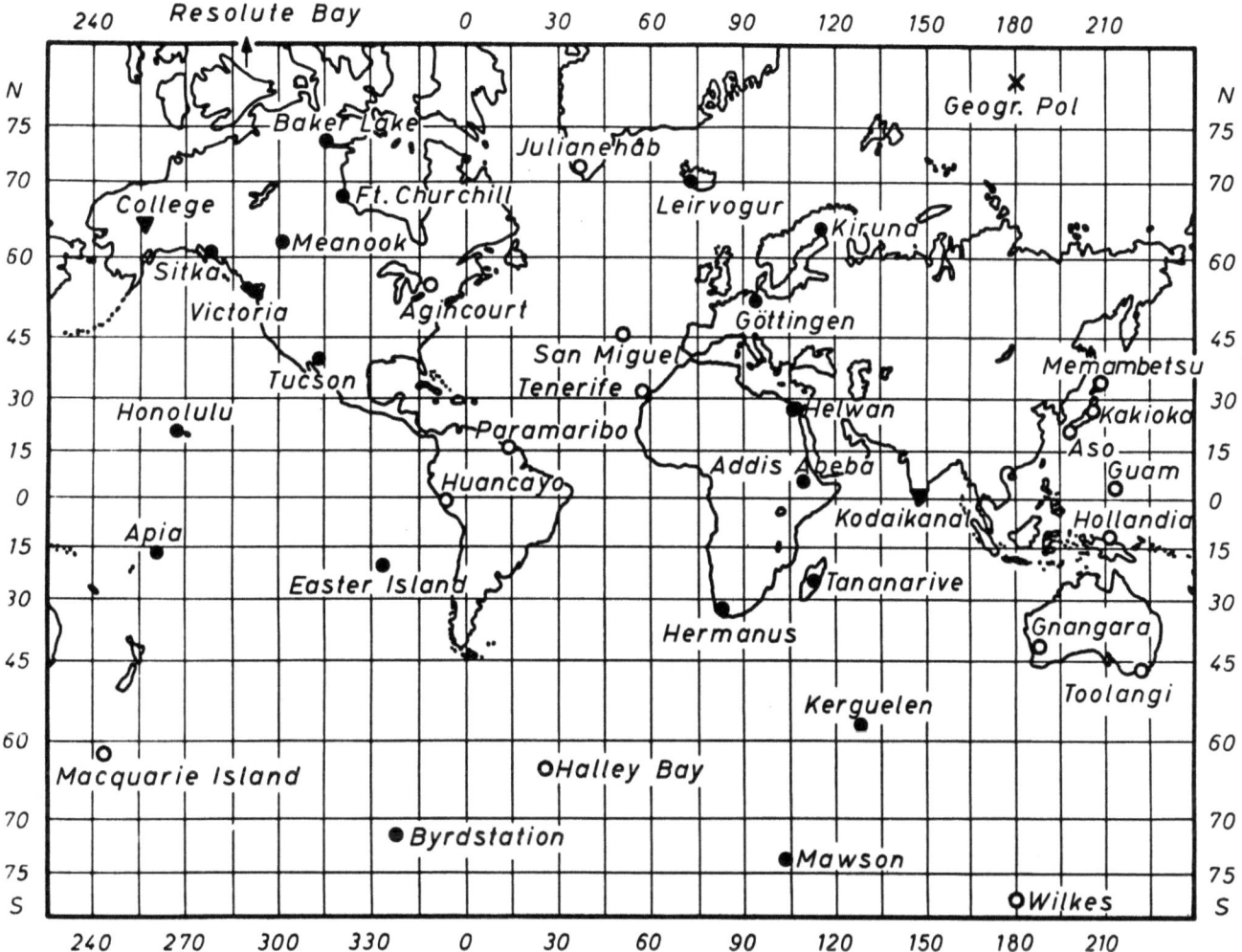

Abb. 2: Lage der Stationen, von denen Magnetfeldregistrierungen bearbeitet wurden. ● "Kirunagruppe" und "gegenüberliegende Gruppe", ○ "östliche" und "westliche Gruppe". College kommt nur unter den Stationen der Polarlicht-Zone vor, Kodaikanal nur unter den Äquator-Stationen.

Diese Gruppen sind in der geom. Länge um je etwa 90° gegeneinander verschoben. Wenn bayartige Störungen, wie sie im vorhergehenden Kapitel besprochen wurden, die Röntgenstrahlungs-Ausbrüche begleiten, sollte man daher charakteristische Unterschiede in den Registrierungen der verschiedenen Gruppen beobachten können: Wenn z. B. eine Störung in der Kiruna-Gruppe ihr Maximum hat, sollte sie wegen der neutralen Zonen in der östlichen und westlichen Gruppe nicht zu erkennen sein, wohl aber in der gegenüberliegenden Gruppe, wenn auch mit anderen Vorzeichen. Doch kann es vorkommen, daß wegen der relativ großen Streuung der geomagnetischen Längen der Stationen innerhalb einer Gruppe, die charakteristischen Kennzeichen einer bayartigen Störung nicht an allen Stationen dieser Gruppe gleich deutlich nachzuweisen sind.

Innerhalb dieser Gruppen sind die Stationen nach ihrer geomagnetischen Breite angeordnet. In der 5. Gruppe sind dann die Stationen, die in der Polarkappe liegen, zusammengefaßt, in der 6. Gruppe die Stationen aus der Polarlichtzone, in der 7. Gruppe die Äquatorstationen. In diesen Gruppen wurden die Registrierungen, nach der geomagnetischen Länge der Stationen geordnet, untereinander gezeichnet.

3.2 Ereignisse am 22. Juni 1961, Kiruna-Gruppe

a) Horizontalkomponente H

In Abb. 3 sind die Registrierungen der Nordkomponente X von Kiruna, der Horizontalkomponenten H der Stationen Leirvogur, Göttingen, Helwan, Addis Abeba, Tananarive, Hermanus, Kerguelen und Mawson sowie der Verlauf der Zählraten der Einzelzählrohre [32] je eines Aufstieges aus Kiruna und College zusammengestellt. Die Größe der statistischen Schwankungen kann z. B. während des Aufstieges in Kiruna zwischen 12 UT und 18 UT ersehen werden. Wie man aus dem hier nicht abgebildeten Zählratenverlauf der anderen Strahlungsmeßgeräte zeigen kann (für den Aufstieg aus Kiruna in [32]), handelt es sich in allen Fällen um Röntgenstrahlungs-Ereignisse. Die Photonen-Energie der in Kiruna gemessenen Ausbrüche liegt zwischen 40 keV und 60 keV. Sie hat sich zwar von einem Ausbruch zum anderen etwas geändert, innerhalb eines Ausbruches dagegen wenig.

Ganz unten sind die Kp-Werte eingetragen. Sie steigen bis 7o, also bis zur Unruhe eines mittleren Sturmes an [9].

In Kiruna wurde der Ballon am 21. Juni 1961 um 19.04 UT gestartet und erreichte um 20.45 UT die Gipfelhöhe mit einem atmosphärischen Druck von 7,5 mb. Da der Ballon am Ende des Aufstieges am 22. Juni 1961 um 19.30 UT so wenig abgesunken war, daß der atmosphärische Druck nur bis auf 11,5 mb zugenommen hatte, können irgendwelche Druckeffekte nicht aufgetreten sein. Leider ist um 21.30 UT die Stromversorgung in Kiruna ausgefallen. Da jedoch die Aufstiegs-Phase vor dem Stromausfall keine besonderen Effekte aufweist, wurde in Abb. 3 nur der Zählratenverlauf nach Wiedereinsetzen der Stromversorgung eingezeichnet. Schon auf den ersten Blick erkennt man, daß gleichzeitig mit größeren Strahlungsausbrüchen bayähnliche Magnetfeld-Variationen auftreten. Im einzelnen sind zunächst folgende Züge hervorzuheben.

Ausbruch zwischen 00 UT und 01 UT, Kiruna

Der erste Ausbruch ereignete sich am 22. Juni 1961 kurz nach 00 UT. Der Zählratenverlauf hat etwa die Form eines Sockels mit aufgesetzten Spitzen und einem sehr kleinen Vorläufer. Die Zählraten lagen maximal 4 mal so hoch wie diejenigen, welche auf die kosmische Strahlung als Untergrund zurückzuführen sind. Auffallend ist, daß der Ausbruch genau so plötzlich aufhört, wie er begonnen hat.

In Leirvogur und in Kiruna, also in der nördlichen Polarlichtzone, wurden gleichzeitig starke negative bayförmige Störungen registriert, ebenso auch in Mawson, also in der südlichen Polarlichtzone. Auf den Kerguelen ist diese Störung dagegen nicht so gut zu erkennen. Es ist möglich, daß diese Station in ihrer Lage etwas nördlich von der südlichen Polarlichtzone zeitweise in die tote Zone zwischen Polarlichtzonen-Strom und Rückstrom gerät (Abb. 1) Dieser Lage ist z. B. auch zuzuschreiben, daß die starken Störungen um Mitternacht negativ, also nach dem Schema von SILSBEE und VESTINE [35] vom Polarlichtzonen-Strom hervorgerufen waren, während die positiven schwächeren gegen 18 UT nunmehr dem Rückstromsystem zugeordnet werden müssen. Diese Verschiebung erklärt sich aus der bekannten Tatsache, daß die Polarlichtzone während stärkerer magnetischer Störungen äquatorwärts wandert.

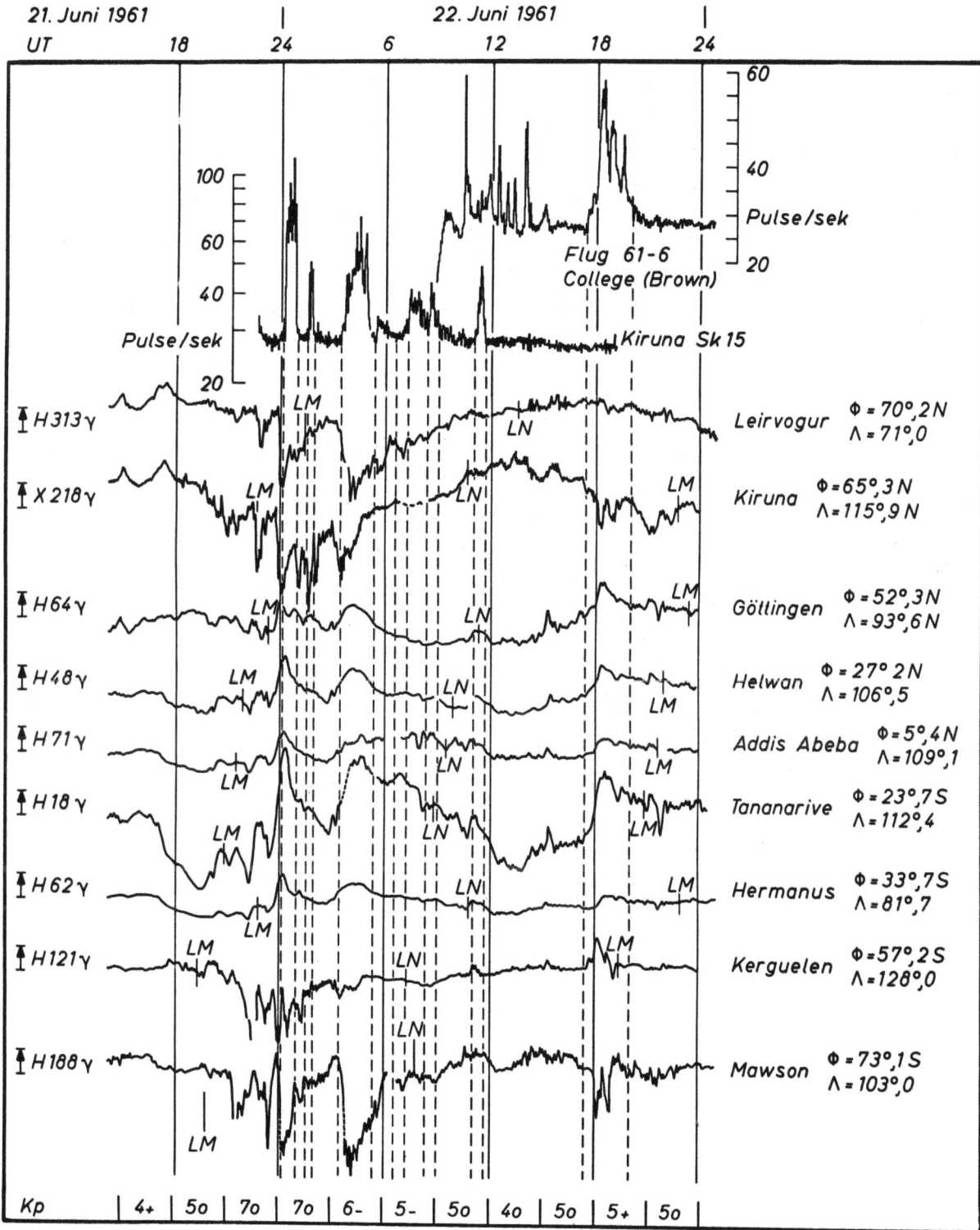

Abb. 3: Horizontalkomponente H bzw. Nordkomponente X der Kirunagruppe. Die Pfeile links geben die positive Richtung an, die Zahl daneben die der Pfeillänge entsprechende Amplitude. Angegeben sind geomagnetische Koordinaten. LM = Mitternacht nach Lokalzeit, LN = Mittag nach Lokalzeit. (Die Zählraten des Kiruna-Aufstieges sind logarithmisch aufgetragen, die des College-Aufstieges linear.)

An den Stationen in mittleren Breiten wurden während dieser Zeit positive Störungen aufgezeichnet. Sie beginnen alle früher als die Störungen in der Polarlichtzone, erreichen aber ihre Maxima etwa gleichzeitig mit deren Minima. Dabei erfolgt der Anstieg in mittleren Breiten langsamer als die Abnahme von H in hohen Breiten. Der Strahlungsausbruch beginnt etwa im Maximum der bayartigen erdmagnetischen Störung. Der plötzliche Abfall der Zählraten am Ende des Ausbruches fällt dagegen nicht in eine so bestimmte Störungsphase.

Offensichtlich lassen sich die Magnetfeldstörungen, die während dieses Ausbruches an den Stationen der Kiruna-Gruppe registriert wurden, ohne Schwierigkeiten in das Stromsystem von SILSBEE und VESTINE [35] einordnen. Die negativen Ausschläge in hohen Breiten werden von dem nach Westen fließenden nachtseitigen Polarlichtzonen-Strom hervorgerufen, die positiven in mittleren und niederen Breiten von den dazugehörenden nach Osten fließenden Rückströmen.

Ausbruch gegen 1.30 UT, Kiruna

Der zweite kleinere Ausbruch gegen 1.30 UT fällt noch in die Erholungsphase der vorhergehenden magnetischen Störung. Daher kann eine neue bayartige Störung nicht so deutlich beobachtet werden. Es gibt jedoch Hinweise darauf, daß sich auch zu dieser Zeit eine solche ereignet hat. Denn an einigen Stationen treten in der Erholungs-Phase Sekundär-Extrema auf (Kiruna, Göttingen), die sich in San Miguel und Tenerife (westliche Gruppe, Abb. 12, S. 28) sogar ganz deutlich von dem vorangehenden Hauptmaximum unterscheiden. Dagegen ist an den Stationen der Kiruna-Gruppe, an denen dieses Sekundärextremum fehlt, die Erholungsflanke auffallend flach. In Kiruna und Göttingen tritt zwischen diesen beiden Störungen noch ein Nebenextremum auf. Doch scheint es sich hier um eine mehr lokale Störung zu handeln; sie ist jedenfalls nicht von einem Ausbruch in Kiruna begleitet worden.

Ausbruch zwischen 03 UT und 05 UT, Kiruna

Der dritte Ausbruch in Kiruna zwischen 03 UT und 05 UT weist zwar nicht so hohe Zählraten auf, wie der Ausbruch gegen 00 UT, dauert aber länger. Man erkennt auch hier an allen Stationen der Kiruna-Gruppe deutlich die bayartige Störung. Die Störungsausschläge haben das gleiche Vorzeichen wie diejenigen gegen 00 UT. Daher lagen die Stationen also wieder im nachtseitigen Teil eines analogen Stromsystemes.

Jedoch sind die zeitlichen Zusammenhänge hier komplizierter. Denn die steile Anstiegsflanke des Sockels beginnt zwar zur Zeit der Minima in Kiruna und Kerguelen, aber nicht zur Zeit der Extrema an den anderen Stationen. In Leirvogur und Mawson beobachtet man dann gerade eine schnelle Abnahme in H, während an den Stationen in mittleren Breiten die Störungsausschläge erst deutlich später ihr Maximum erreichen. Etwa ebenso spät treten die Maxima in San Miguel und Tenerife (westl. Gruppe) (Abb. 12, S. 28) auf und auch in Ft. Churchill, Meanook und Sitka (gegenüberliegende Gruppe) (Abb. 9, S. 24), College (Polarlichtzone) (Abb. 17, S. 34) und Macquarie-Island (östl. Gruppe) (Abb. 6, S. 20). An allen anderen Stationen liegen die Störungsextrema dagegen zur selben Zeit wie in Kiruna und Kerguelen, fallen also etwa mit dem Ausbruchsanfang zusammen.

Auffallend ist auch, daß die Störungen an den verschiedenen Stationen nicht gleichzeitig aufhören. Die früher beginnenden hören auch früher auf.

Ob es sich in diesem Falle um eine systematische Verschiebung der Störung oder um die Überlagerung einer anderen - vielleicht sogar einer zweiten bayartigen - Störung handelt, kann aus dem vorhandenen Beobachtungsmaterial nicht entschieden werden.

Daß diese Störung auch auf der Tagseite positiv ist (östl. Gruppe) (Abb. 6, S. 20) kann daher kommen, daß die tagseitigen Stromwirbel fast völlig fehlen, so daß ein Teil der Stromlinien des nachtseitigen Wirbels um die ganze Erde herumgreift. Solche Störungen hat FUKUSHIMA [19] beschrieben.

Ähnliche, wenn auch nicht ganz so auffallende, Verschiebungen treten auch in anderen Fällen auf (1. Okt. 60, 09 UT) (Abb. 19, S. 38). Auch dort zeigt sich, daß zur Zeit des Ausbruchs-Anfanges - jedenfalls in hohen Breiten - die magnetische Störung entweder ihr Maximum erreicht hat oder gerade der schnelle Abfall in den Registrierungen der Horizontalkomponente stattfindet.

Ausbrüche zwischen 07 UT und 09 UT, Kiruna

Gleich im Anschluß an den soeben besprochenen haben sich noch einige kleinere Ausbrüche ereignet. Deutliche Magnetfeld-Variationen der Art, wie sie gleichzeitig mit den vorhergehenden Ausbrüchen beobachtet wurden, traten in der Kiruna-Gruppe jedoch nicht auf. Erst die Magnetogramme der gegenüberliegenden Gruppe (Abb. 9, S. 24) zeigen, daß die beiden größeren Ausbrüche zwischen 07 UT und 09 UT wieder mit bayartigen erdmagnetischen Störungen verknüpft waren. Für den sehr kleinen Ausbruch gleich nach 05 UT sind aber auch dort nur Andeutungen einer Störung vorhanden (Meanook, Sitka, Victoria).

Ausbruch gegen 11.30 UT, Kiruna

Der Ausbruch gegen 11.30 UT ist dann wieder deutlich mit bayförmigen Störungen an fast allen Stationen der Kiruna-Gruppe verknüpft. Sie waren in der Polarlichtzone sehr schwach und in mittleren Breiten positiv. Es handelt sich also wieder um einen Fall, in dem die tagseitigen Ströme so schwach waren, daß ein Teil der Stromlinien des nachtseitigen Wirbels um die ganze Erde herumlief. Dann dürfen in mittleren Breiten natürlich keine neutralen Zonen erscheinen. Und tatsächlich kann man diese Störung ebenfalls auf den Magnetogrammen der östlichen (Abb. 6, S. 20) und westlichen Gruppe (Abb. 12, S. 28) nachweisen. Sie ist an fast allen Stationen in mittleren Breiten zu beobachten.

Danach wurde in Kiruna bis zum Ende des Aufstieges gegen 19.30 UT kein Ausbruch mehr registriert.

Einzelspitzen zwischen 10 UT und 14 UT, College

In College findet sich im ersten Teil des dortigen Aufstieges eine Reihe von kurzzeitigen Effekten, die sich schon in ihrer Form deutlich von denjenigen in Kiruna unterscheiden. Sie weisen jeweils nur eine hohe kurze Spitze auf. Es fehlt also der bei den Ausbrüchen von Kiruna beobachtete sockelartige Zählratenverlauf. Dieser Unterschied ist nicht instrumentell bedingt, denn die Sonden waren mit Zählrohren gleichen Typs ausgerüstet. Man findet in der Kiruna-Gruppe zu dieser Zeit auch keine bayartigen erdmagnetischen Störungen. Sie erscheinen aber in der gegenüberliegenden Gruppe. Dort ist nach Ortszeit gerade wieder Mitternacht.

Ausbruch gegen 18 UT, College

Dagegen findet man gleichzeitig mit dem größeren Ausbruch gegen 18 UT deutlich bayartige Störungen in den Magnetogrammen der Kiruna-Gruppe. Auffallend ist, daß zu dieser Zeit in College keine bayartige Störung (Abb. 17, S. 34), in Kiruna kein Strahlungs-Ausbruch registriert wurde. Die erstere Tatsache findet ihre Erklärung darin, daß über College zu dieser Zeit eine neutrale Zone lag, die letztere kann dagegen noch nicht erklärt werden. Sie hängt mit dem Problem der longitudinalen Erstreckung des primären Elektroneneinfalles zusammen, welches erst genauer untersucht werden kann, wenn die Ergebnisse simultaner Aufstiege in einem möglichst großen Teil der Polarlichtzone vorliegen. Immer-

3.2

hin liegen einige Messungen vor, die zeigen, daß die Röntgenstrahlungs-Ausbrüche meist nicht gleichzeitig in der ganzen Polarlichtzone auftreten.

Dieser Ausbruch hat einen verhältnismäßig großen Vorläufer, der gleichzeitig mit der erdmagnetischen Störung in mittleren Breiten beginnt, während der erste steile Anstieg sehr genau mit einer plötzlichen Abnahme von H in der Polarlichtzone zusammenfällt. Gleichzeitig mit den Spitzen im Zählratenverlauf treten in den Magnetogrammen dieser Stationen ebenfalls Spitzen auf, die an den übrigen Stationen fehlen. Diese auffallende Parallelität zwischen den beiden Ereignissen an weit auseinander liegenden Stationen und ihr Fehlen an den Stationen selbst, läßt sich nur erklären, wenn einerseits eine direkte lokale Abhängigkeit zwischen Polarlichtzonen-Strom und Röntgenstrahlungs-Ausbrüchen, wie sie BROWN [7, 12] annimmt, nicht existiert, beide Ereignisse aber doch von demselben Vorgang her gesteuert werden. (Diese Frage wird in Kapitel 5 noch eingehender diskutiert.)

b) Deklination D bzw. Ostkomponente Y

Die Deklinations- bzw. Ostkomponenten-Registrierungen D bzw. Y (Abb. 4) zeigen an Stationen in hohen Breiten während der ersten Hälfte des Aufstieges sehr starke, schnelle Variationen, in denen bayartige Störungen kaum noch festzustellen sind. Auch in mittleren Breiten sind sie auf der Nordhalbkugel kaum zu erkennen, wohl dagegen auf der Südhalbkugel. Allgemein kann man bayartige Störungen in den Deklinations-Registrierungen mittlerer Breiten immer dann gut nachweisen, wenn über der Station diejenigen Gebiete des Stromsystemes (Abb. 1) liegen, in denen die Stromlinien möglichst meridional verlaufen, also kurz vor und nach den neutralen Zonen, wobei Ausschläge auf der Nord- und Südhalbkugel verschiedenes Vorzeichen haben. Die bayartigen Störungen am Morgen gehören zu dem nachmitternächtlichen Teil des jeweiligen Nachtstromsystemes, die Störung gegen 18 UT dagegen zum vormitternächtlichen Teil eines weiteren Nachtstromsystemes. Bei der letzteren Störung kann man ganz deutlich die verschiedenen Vorzeichen auf der Nord- und Südhalbkugel erkennen. Die auffallend große Störungsamplitude in Göttingen ist nicht nur auf unterschiedliche Empfindlichkeiten in der Registrierung an den verschiedenen Stationen, sondern auch auf die Wirkung einer Leitfähigkeits-Anomalie in der Nähe von Göttingen zurückzuführen [23].

c) Vertikalkomponente Z

In den Registrierungen der Vertikalkomponente Z (Abb. 5) sind die bayartigen Störungen kaum noch zu erkennen. Die Polarlichtzonen-Ströme rufen zwar starke Störungen in Z hervor, die aber gleichzeitig durch viele unregelmäßige Variationen verdeckt werden. Bei der Analyse der Registrierungen dieser Komponente tritt außerdem eine grundsätzliche Schwierigkeit auf; denn alle ionosphärischen Ströme induzieren auch solche im Erdinneren. Das Magnetfeld der letzteren ist nun zwar den Horizontalkomponenten des induzierenden Feldes parallel gerichtet, aber antiparallel zu dessen Vertikalkomponente. Es hebt diese also teilweise auf. Daher ist jede Störung in der Registrierung der Horizontalkomponenten besser zu erkennen als in der Registrierung der Vertikalkomponente. In mittleren Breiten kommt noch hinzu, daß die flächenhaften ionosphärischen Rückströme (im Stromsystem von SILSBEE und VESTINE, Abb. 1) wegen ihrer Homogenität nur ganz geringe Störungen in Z erzeugen. Die in Abb. 5 deutlichen bayförmigen Störungen in Göttingen wurden z. B. sicher nicht direkt von ionosphärischen Strömen hervorgerufen, sondern von elektrischen Leitfähigkeits-Anomalien [18, 23, 34]. Denn man findet denselben Gang in der Registrierung von H bzw. D wieder, nur mit größerer Amplitude und anderem Vorzeichen in H. Es hat sich gezeigt, daß die Registrierungen der Vertikalkomponente Z für die Untersuchung des vorliegenden Problemes nur bei genauer Kenntnis der Eigentümlichkeiten der Station verwendbar sind.

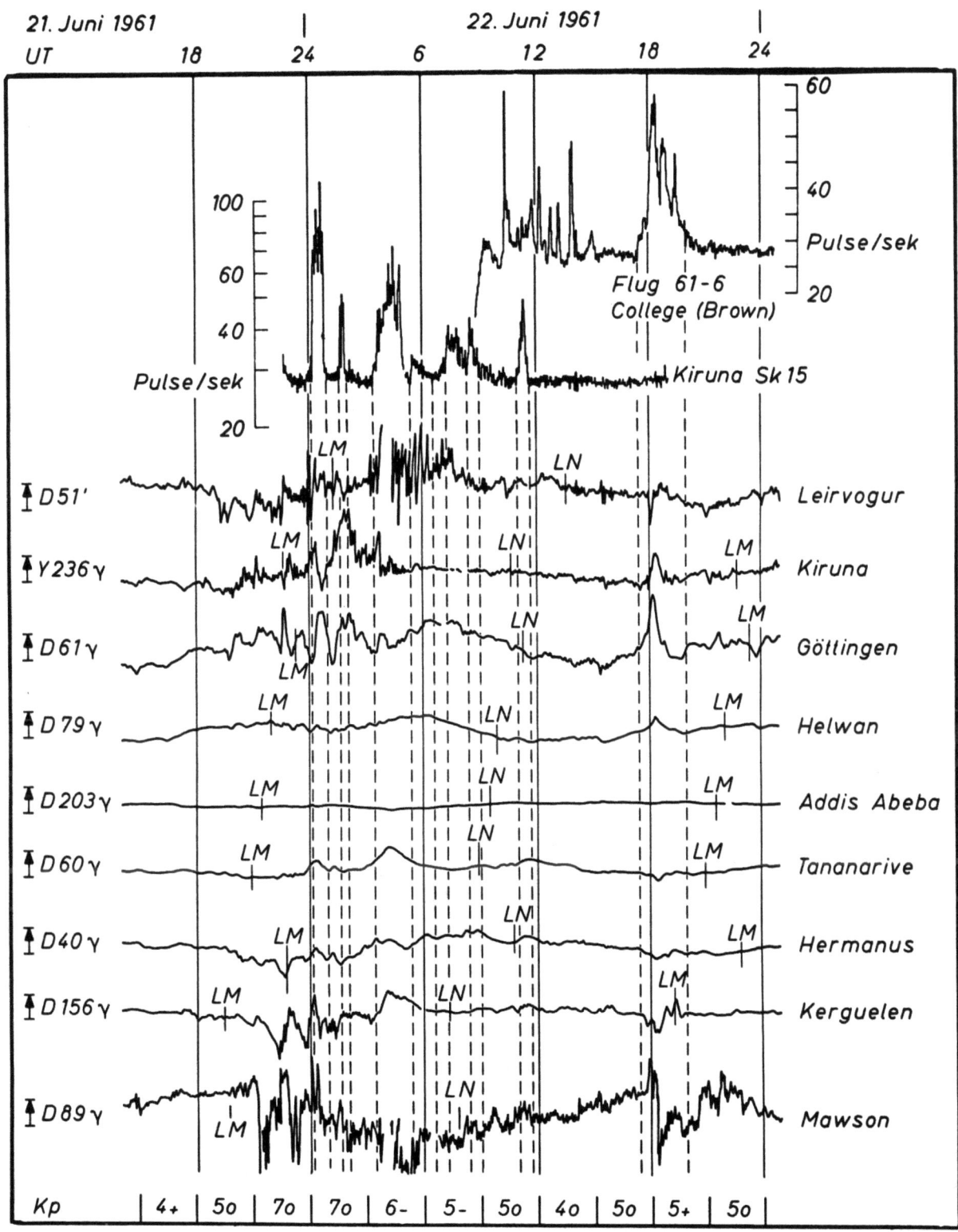

Abb. 4: Deklination D bzw. Ostkomponente Y der Kiruna-Gruppe. Die Pfeile links geben die Richtung von D nach Osten und die positive Richtung von Y an, die Zahl daneben die der Pfeillänge entsprechende Amplitude. LM = Mitternacht nach Lokalzeit, LN = Mittag nach Lokalzeit. Die Koordinaten der Stationen findet man in Abb. 3. (Die Zählraten des Kiruna-Aufstieges sind logarithmisch aufgetragen, die des College-Aufstieges linear.)

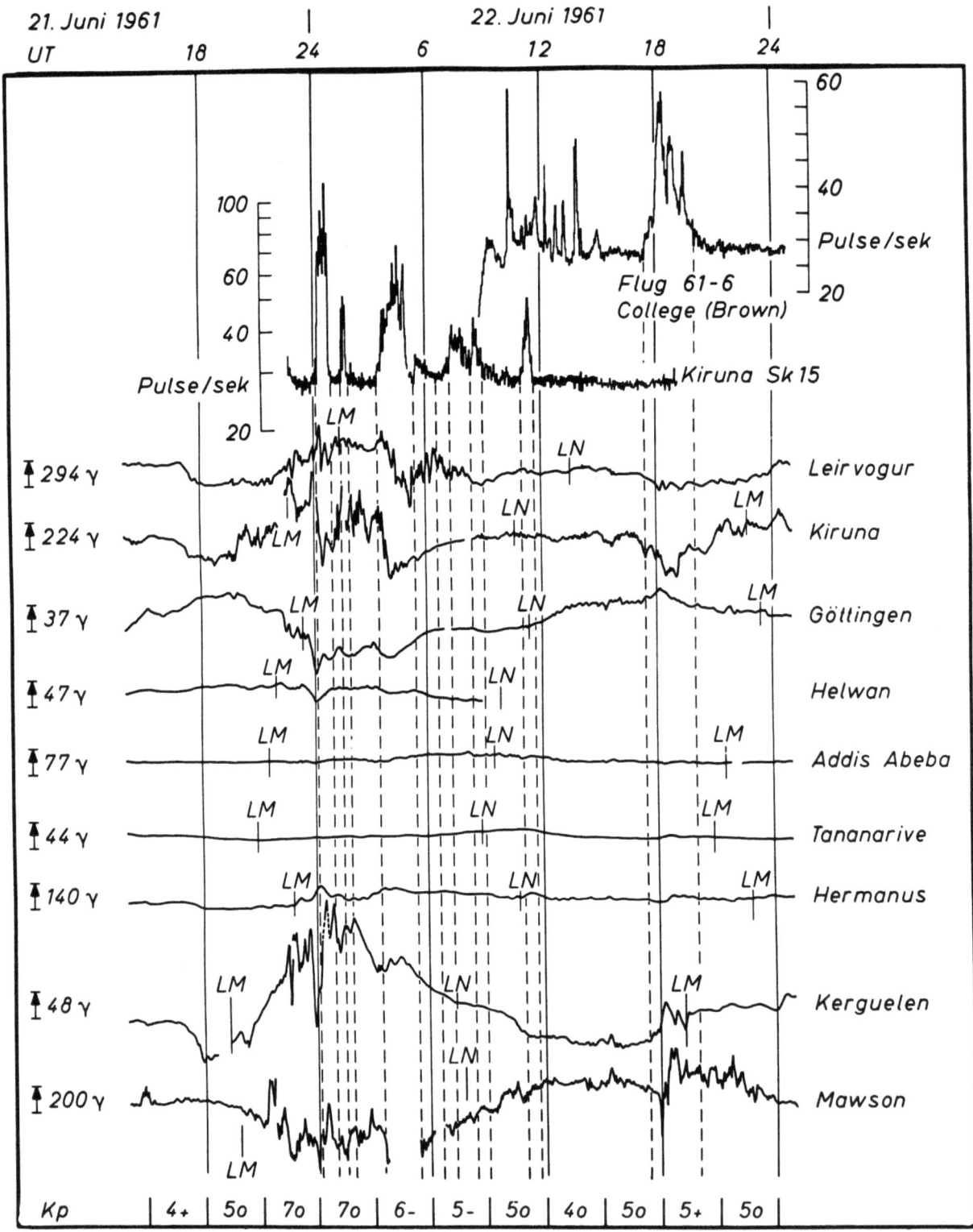

Abb. 5: Vertikalkomponente der Kiruna-Gruppe. Die Pfeile links geben die positive Richtung von Z an (internationale Definition), die Zahl daneben die der Pfeillänge entsprechende Amplitude. LM = Mitternacht nach Lokalzeit, LN = Mittag nach Lokalzeit. Die Koordinaten der Stationen findet man in Abb. 3. (Die Zählraten des Kiruna-Aufstieges sind logarithmisch aufgetragen, die des College-Aufstieges linear.)

3.3 Ereignisse am 22. Juni 1961, östliche Gruppe

Der ähnliche Gang in den Registrierkurven der meisten Stationen dieser Gruppe (Abb. 6) ist darauf zurückzuführen, daß sie fast alle in mittleren Breiten liegen. Nur die Registrierungen von Macquarie-Island, in der Nähe der südlichen Polarlichtzone, weichen wesentlich davon ab. Magnetogrammkopien von Stationen der nördlichen Polarlichtzone waren leider nicht zu erhalten.

Es fällt sofort auf, daß von der großen bayartigen Störung während des ersten Ausbruches in Kiruna nur noch kleine Störungsausschläge in Gnangara, Toolangi und Wilkes übriggeblieben sind. Alle Stationen dieser Gruppe lagen in der Nähe einer neutralen Zone (des Stromsystemes von SILSBEE und VESTINE, Abb. 1). Ebenso wurde auch während des zweiten kleineren Ausbruches kaum eine Magnetfeldstörung registriert. Dagegen tritt eine solche gegen 03 UT, also zu Beginn des dritten Ausbruches, sehr deutlich in Erscheinung. Sie ist genauso wie die Störung während des Ausbruches gegen 11.30 UT positiv. Diese Tatsache ist auf das schon beschriebene teilweise Umgreifen der Stromlinien des Nachtstromsystemes um die ganze Erde zurückzuführen. Während der Einzelspitzen in College wurden keine Magnetfeld-Variationen beobachtet. Selbst zur Zeit des größeren Ausbruches in College ist eine Magnetfeldstörung höchstens in Andeutungen nachzuweisen.

Wie oben erwähnt, weicht die Registrierung in Macquarie-Island von den übrigen völlig ab. Zwar fehlt auch dort die große Störung während des ersten Ausbruches, aber schon die Störung während des dritten Ausbruches fällt nicht mit den anderen zusammen. Sie ist verschoben. Immerhin konnte man Verschiebungen dieser Störung auch in anderen Gruppen beobachten (Kiruna-Gruppe, Abb. 3). Besonders auffallend sind erst die Störungen nach etwa 10 UT, denn sie lassen sich ohne Schwierigkeiten den Einzelspitzen des College-Aufstieges zuordnen. Allerdings ist während des größeren Ausbruches gegen 18 UT auch in Macquarie-Island keine bayartige Störung erschienen. Der Verlauf der Registrierkurve ist in großen Zügen dem in College ähnlich.

Eine Erklärung dieser Beobachtungen ist noch nicht möglich. Sie wird sicher davon ausgehen müssen, daß Macquarie-Island und College hinsichtlich des Magnetfeldes nahezu konjugierte Stationen sind.

Auch unter den Deklinations-Registrierungen (Abb. 7) fällt die von Macquarie-Island auf. In den sehr starken, schnellen Fluktuationen kann man keine bayartigen Störungen erkennen. Auffallend ist jedoch, daß diese Fluktuationen zur Zeit der Einzelspitzen in College besonders große Amplituden haben. An allen anderen Stationen findet man nur sehr geringe Störungs-Ausschläge. Es sind nur Andeutungen der Merkmale bayartiger Störungen zu erkennen. Doch weisen die negativen Störungen auf der Nordhalbkugel und die positiven Störungen auf der Südhalbkugel gegen 18 UT darauf hin, daß diese Stationen im nachmitternächtlichen Teil des Nachtstromsystemes lagen.

Ebenso, wie in den anderen Komponenten, weicht auch die Z-Rgistrierung (Abb. 8) in Macquarie-Island von den Registrierungen an den anderen Stationen ab. Auch hier ist eher ein Zusammenhang mit den Ausbrüchen in College, insbesondere mit den Einzelspitzen, festzustellen als mit den in Kiruna registrierten. Zu den Kurven an den übrigen Stationen muß bemerkt werden, daß diejenigen von Kakioka und Gnangara wieder wegen der dort bekannten elektrischen Leitfähigkeits-Anomalie [30, 33] nicht den Z-Registrierungen an den übrigen Stationen, sondern eher den H- bzw. D-Registrierungen an den genannten Stationen selbst ähnlich sind. Die Z-Registrierungen liefern so, auch in ihrer Gesamtheit betrachtet, nur schwierig zu deutende Informationen zur Lösung des vorliegenden Problemes.

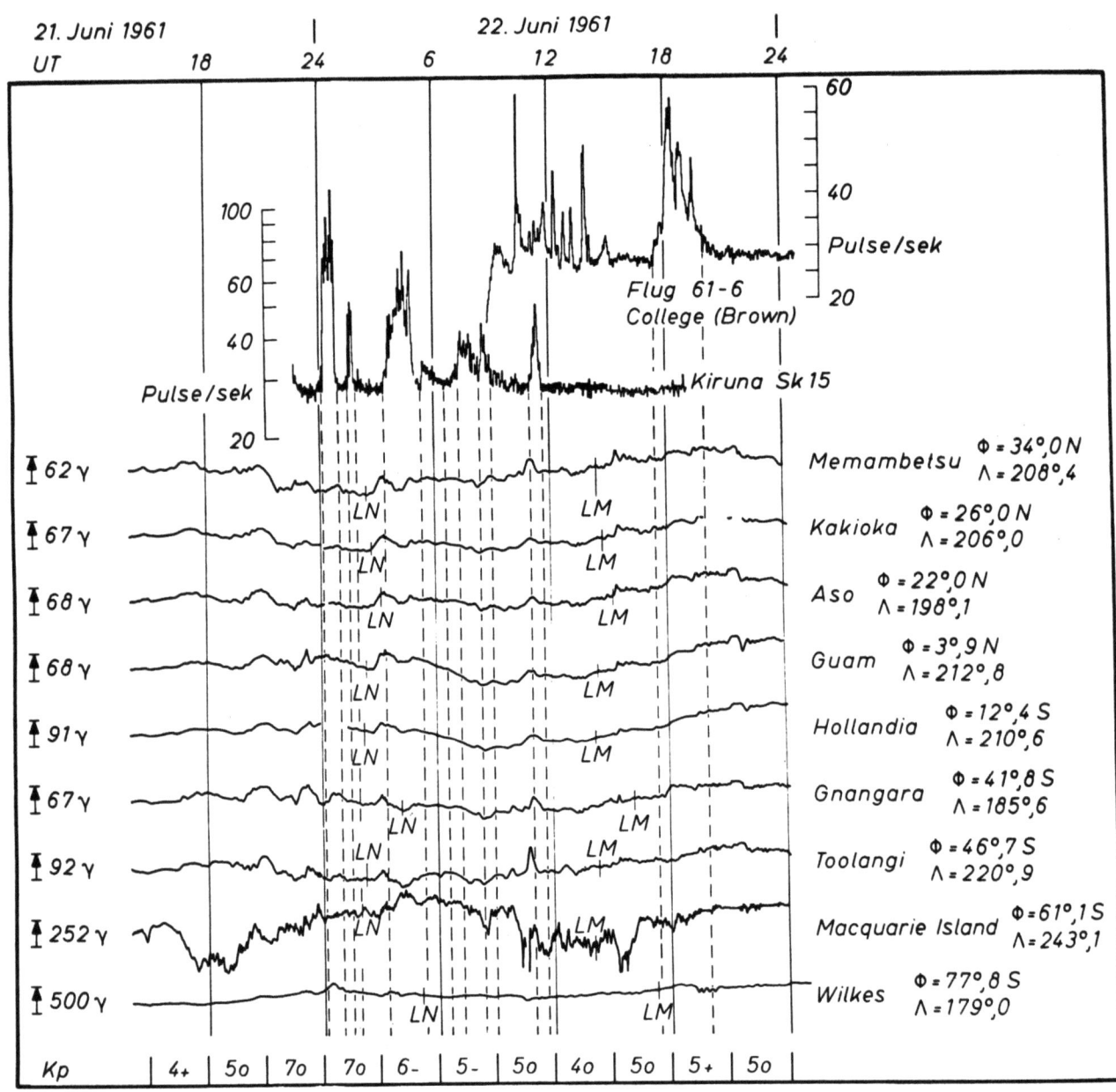

Abb. 6: Horizontalkomponente H der östlichen Gruppe. Die Pfeile links geben die positive Richtung an, die Zahl daneben die der Pfeillänge entsprechende Amplitude. Angegeben sind geomagnetische Koordinaten. LM = Mitternacht nach Lokalzeit, LN = Mittag nach Lokalzeit. (Die Zählraten des Kiruna-Aufstieges sind logarithmisch aufgetragen, die des College-Aufstieges linear.)

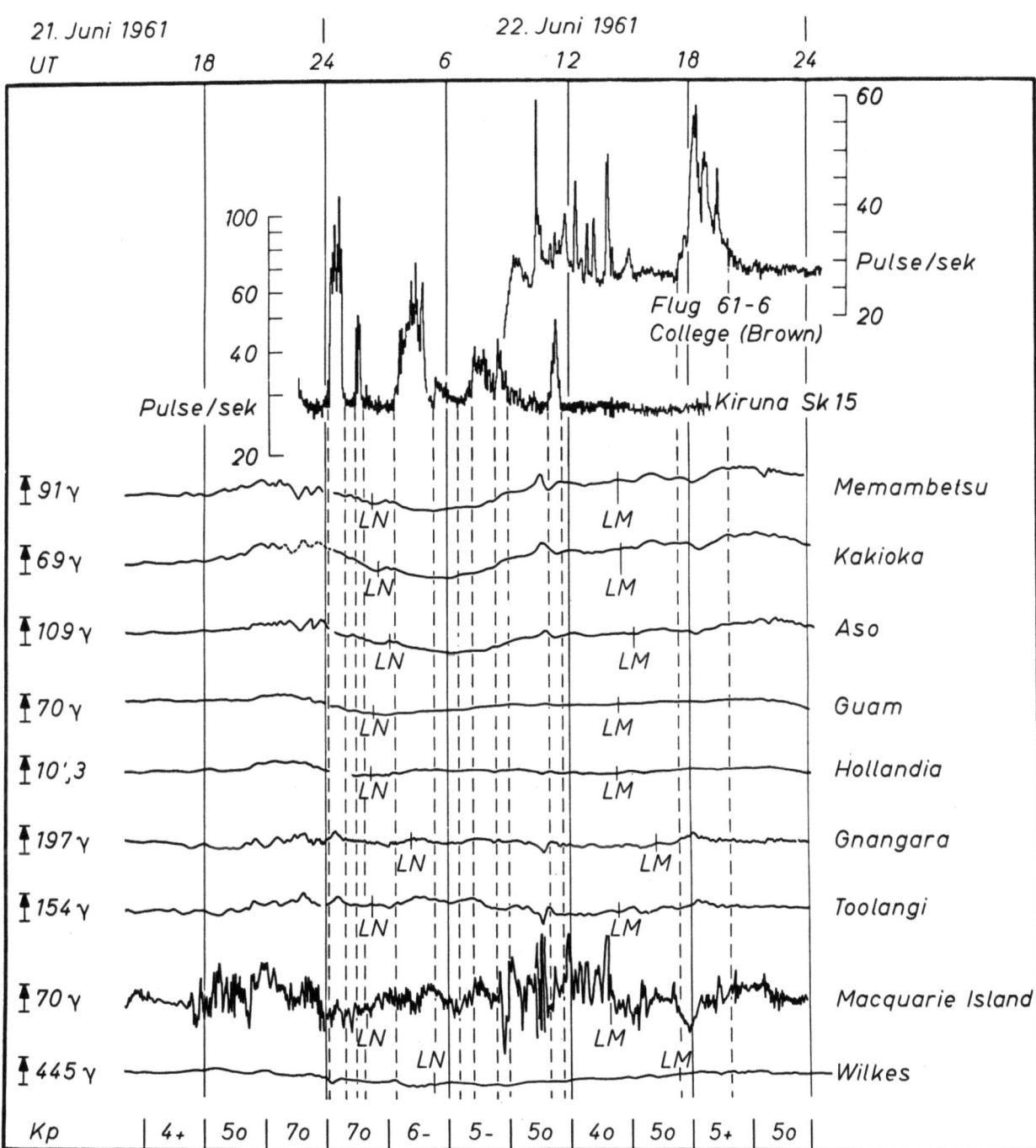

Abb. 7: Deklination D der östlichen Gruppe. Die Pfeile links geben die Richtung von D nach Osten, die Zahl daneben die der Pfeillänge entsprechende Amplitude. LM = Mitternacht nach Lokalzeit, LN = Mittag nach Lokalzeit. Die Koordinaten der Stationen findet man in Abb. 6. (Die Zählraten des Kiruna-Aufstieges sind logarithmisch aufgetragen, die des College-Aufstieges linear.)

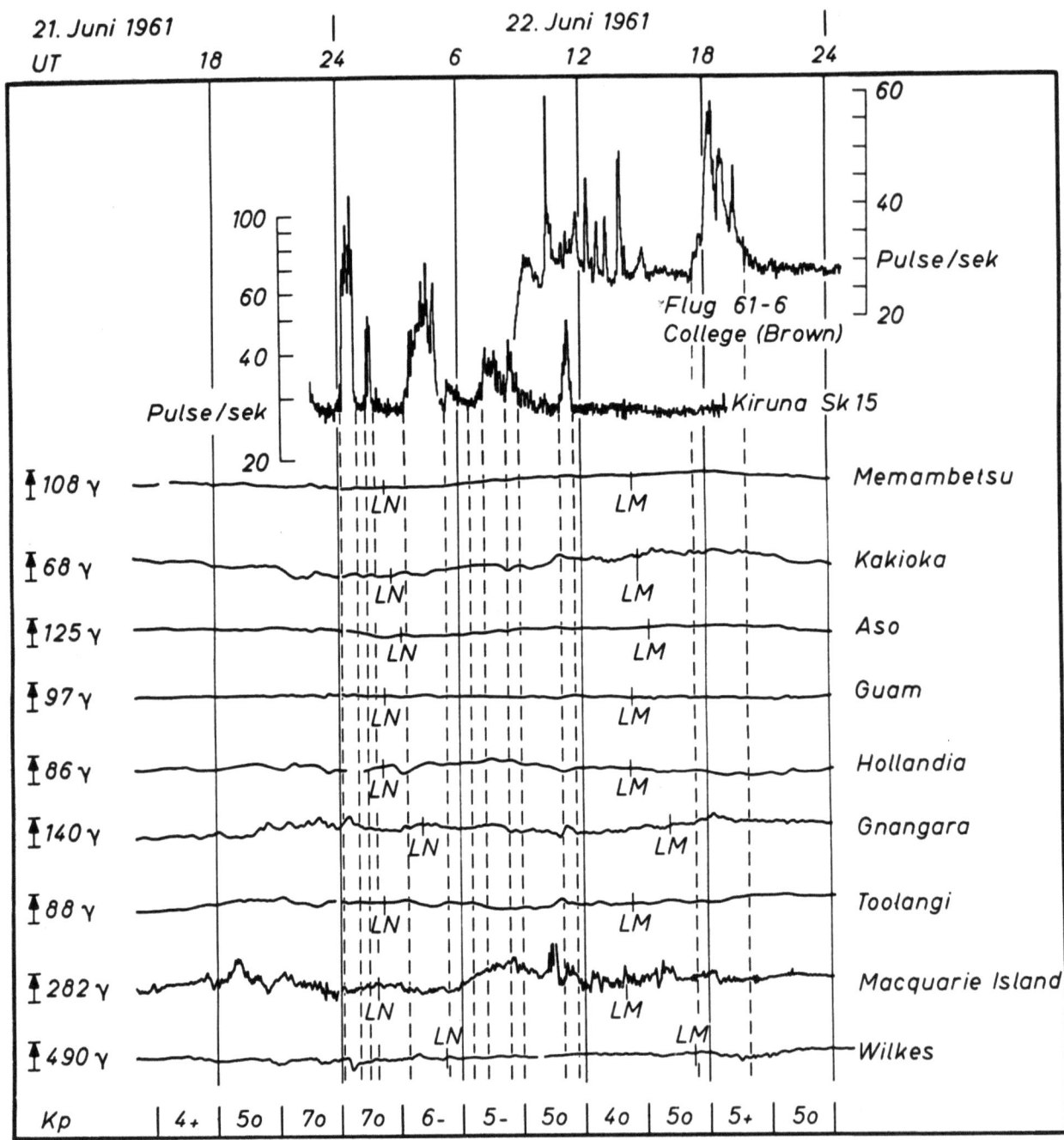

Abb. 8: Vertikalkomponente Z der östlichen Gruppe. Die Pfeile links geben die positive Richtung von Z an (internationale Definition), die Zahl daneben die der Pfeillänge entsprechende Amplitude. LM = Mitternacht nach Lokalzeit, LN = Mittag nach Lokalzeit. Die Koordinaten der Stationen findet man in Abb. 6. (Die Zählraten des Kiruna-Aufstieges sind logarithmisch aufgetragen, die des College-Aufstieges linear.)

3.4 Ereignisse am 22. Juni 1961, Gegenüberliegende Gruppe

In der gegenüberliegenden Gruppe (Abb. 9) sind die Stationen sehr ungleichmäßig über die verschiedenen Breiten verteilt. Stationen aus der südlichen Polarlichtzone fehlen sogar völlig. Während der hier besprochenen Periode haben Resolute Bay, Baker Lake und teilweise auch Ft. Churchill im Bereich der Polarkappen-Ströme gelegen. Die Magnetogramme von Resolute Bay und Baker Lake wurden daher mit denen von Thule und Godhavn zu einer weiteren Abbildung zusammengefaßt (Polarkappe, Abb. 15, S. 32). Genauso, wie Ft. Churchill wegen der Abhängigkeit der Lage des Polarlichtzonen-Stromes von der Stärke der erdmagnetischen Unruhe bei stärkerem Störungsgrad in den Bereich der Polarkappen-Ströme (im Bild von SILSBEE und VESTINE) gerät, liegen Meanook und Sitka zeitweise direkt unter dem Polarlichtzonen-Strom, zeitweise südlich davon.

Während des ersten Ausbruches in Kiruna finden sich in Resolute Bay, Baker Lake und Ft. Churchill negative Störungen, wie man sie tags (bis etwa 20 LT) in der Polarkappe erwarten kann. Gleichzeitig beobachtet man in der Polarlichtzone (Meanook und Sitka) deutlich positive Störungen. Victoria scheint zwischen Polarlichtzonen-Strom und Rückströmen in mittleren Breiten zu liegen. In Tucson wirken sich die Rückströme des Tagstromsystemes aus. Daher weisen die Registrierungen nur schwache negative Störungen auf. In Äquatornähe sind diese Rückströme so schwach, daß eine bayartige Störung nur noch angedeutet ist. Während des zweiten kleineren Ausbruches kann aus den Magnetogrammen dieser Gruppe überhaupt nicht auf die Existenz einer bayartigen Störung geschlossen werden. Nur in Ft. Churchill findet sich ein negativer Ausschlag in der Registrierkurve.

Auf der Polarkappe treten zwar neutrale Zonen, wie sie ganz besonders deutlich in mittleren Breiten beobachtet werden, nicht auf. Denn die Rückströme der beiden Polarlichtzonen-Ströme fließen dort parallel zueinander. Dafür kann man aber zur Zeit dieser neutralen Zonen die Störungen in den Registrierungen der Ostkomponente Y besser verfolgen als in denen der Nordkomponente X. Ein solcher Fall liegt angenähert während des dritten Ausbruches in Kiruna (von 03 UT bis 05 UT) vor. In Resolute Bay und Baker Lake erkennt man nur noch schwache negative Störungen der Nordkomponente X, in Ft. Churchill (näher der Polarlichtzone) allerdings noch verhältnismäßig starke. Dagegen tritt sie aber in der Y-Registrierung der Stationen Resolute Bay und Baker Lake (Abb. 10) ganz deutlich in Erscheinung. Wieder zeigen Meanook und Sitka als Stationen in der Polarlichtzone positive Störungen. In mittleren Breiten findet man die schon bei der Besprechung der Magnetogramme der Kiruna-Gruppe erwähnte Verschiebung dieser Störung.

Während der Ausbrüche zwischen 07 UT und 09 UT hat sich infolge der geringeren allgemeinen magnetischen Unruhe die Polarlichtzone wieder nach Norden zurückgezogen. In der Polarkappe sind die Störungen jedoch schwach und treten nur in der Registrierung der Ostkomponente Y deutlich auf. Ft. Churchill zeigt als Polarlichtzonen-Station eine negative Störung. In Meanook, vor allem aber in Tucson, ist ganz deutlich die positive Doppelstörung zu erkennen, die diese Ausbrüche begleitet. Sie wird in dem Stromsystem von SILSBEE und VESTINE von den nachtseitigen Rückströmen hervorgerufen. An diesen Stationen war nach Ortszeit gerade etwa Mitternacht; sie lagen also im Bereich maximaler Ströme. Daher sind die dortigen Registrierungen für den Nachweis dieser magnetischen Störung besonders gut geeignet.

Für den Ausbruch gegen 11.30 UT in Kiruna ist es dagegen in dieser Gruppe nicht mehr einwandfrei möglich, Magnetfeldstörungen anzugeben. Denn jetzt treten vor allem in der Polarlichtzone Störungen auf, die man eher den Einzelspitzen in College zuschreiben kann. Das wird besonders deutlich an der sehr ausgeprägten Störung in Ft. Churchill. Wahrscheinlich liegt innerhalb der Gruppe von Einzelspitzen in College noch ein längerer Ausbruch. Die stärkeren Störungen in Meanook und Sitka deuten jedenfalls darauf hin.

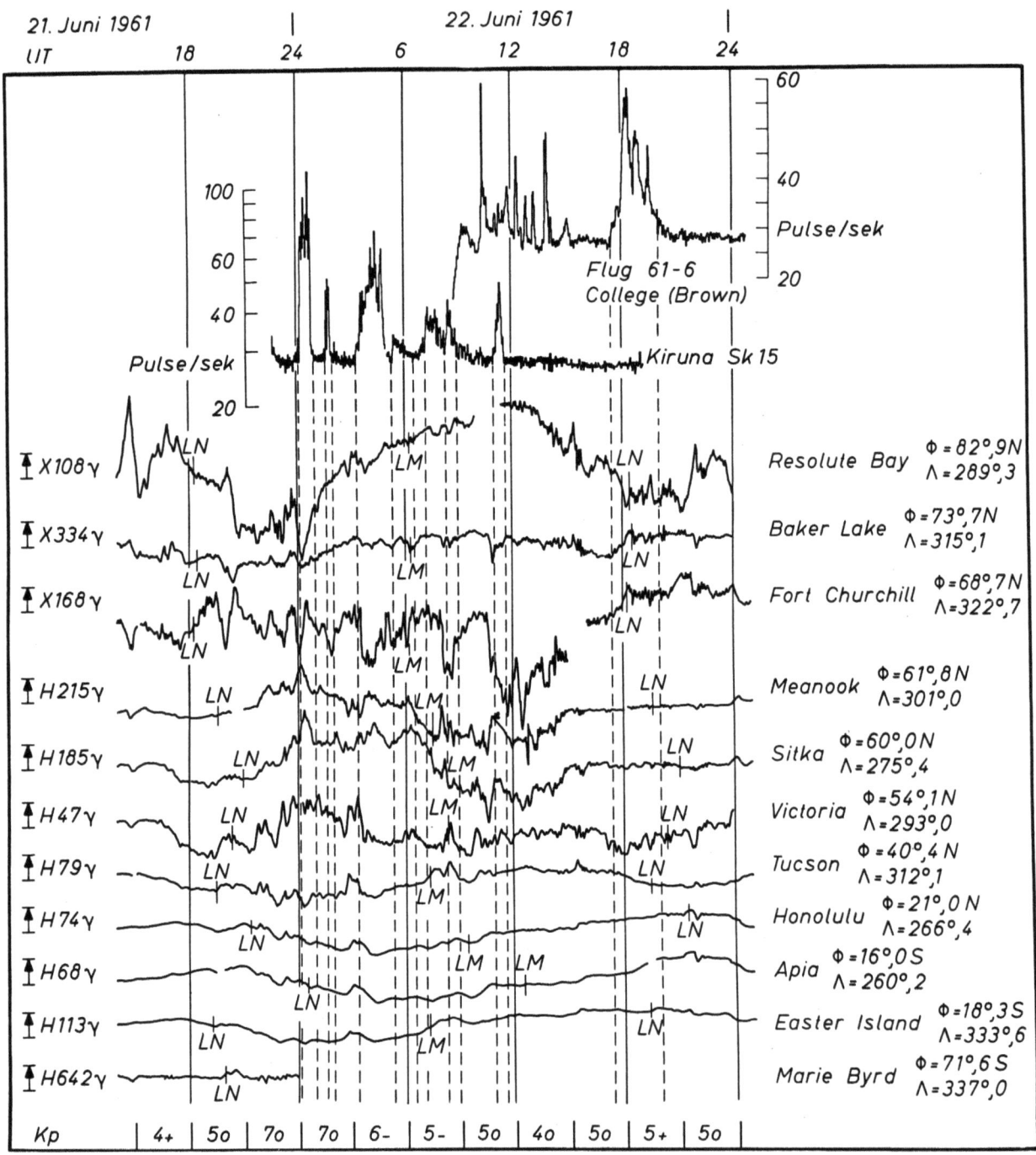

Abb. 9: Horizontalkomponente H bzw. Nordkomponente X der gegenüberliegenden Gruppe. Die Pfeile links geben die positive Richtung an, die Zahl daneben die der Pfeillänge entsprechende Amplitude. Angegeben sind geomagnetische Koordinaten. LM = Mitternacht nach Lokalzeit, LN = Mittag nach Lokalzeit. (Die Zählraten des Kiruna-Aufstieges sind logarithmisch aufgetragen, die des College-Aufstieges linear.)

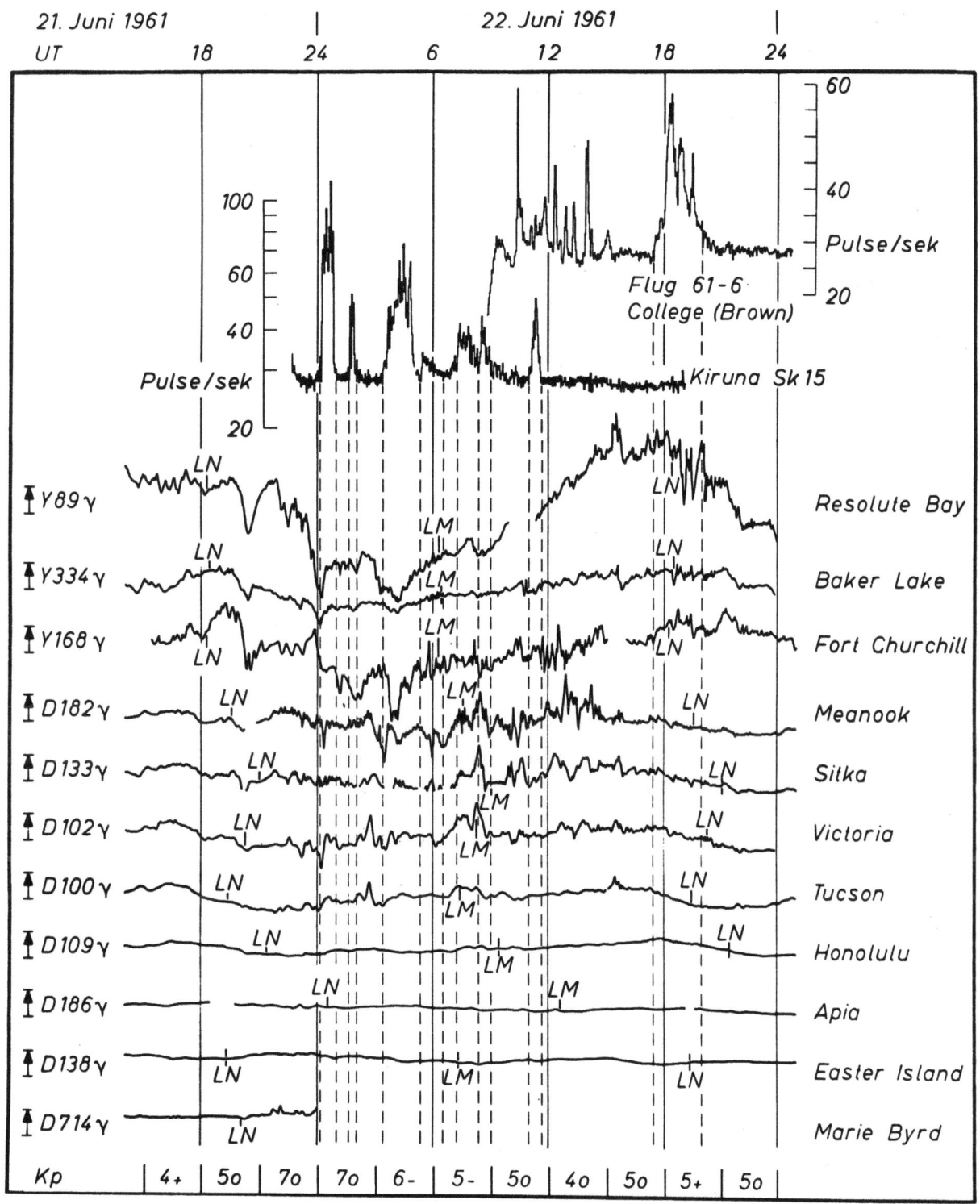

Abb. 10: Deklination D bzw. Ostkomponente Y der gegenüberliegenden Gruppe. Die Pfeile links geben die Richtung von D nach Osten und die positive Richtung von Y an, die Zahl daneben die der Pfeillänge entsprechende Amplitude. LM = Mitternacht nach Lokalzeit, LN = Mittag nach Lokalzeit. Die Koordinaten der Stationen findet man in Abb. 9. (Die Zählraten des Kiruna-Aufstieges sind logarithmisch aufgetragen, die des College-Aufstieges linear.)

Während des größeren Ausbruches in College liegen die Stationen in hohen Breiten nahezu im Tagstromsystem. Daher findet man in Resolute Bay negative Störungen (Polarkappe). Die Polarlichtzone hat sich soweit nach Norden verlagert, daß jetzt auch in Baker Lake das Feld des Polarlichtzonen-Stromes die Magnetfeld-Registrierungen beherrscht. Dort und in Ft. Churchill erscheinen schwache positive Störungen. Die übrigen Stationen liegen nahe der neutralen Zone zwischen Nacht- und Tagstromsystem. Daher stammen wahrscheinlich die auffallend ruhigen Abschnitte in den Registrierkurven von Meanook und Sitka.

Schon bei der Diskussion der H-Registrierungen wurde darauf hingewiesen, daß die bayartigen Störungen auf der Polarkappe (Abb. 10) zu der Zeit, in der in mittleren Breiten die neutralen Zonen erscheinen, in der Ostkomponente Y deutlicher zu verfolgen sind, als in der Nordkomponente X . Es braucht daher hier nur noch ergänzend erwähnt zu werden, daß die Störung zu Beginn des dritten Ausbruchs in Kiruna sowie die bayartige Doppelstörung während der Ausbrüche zwischen 07 UT und 09 UT in mittleren Breiten deutlich zu erkennen sind. In dieser Gruppe kann man die bayartigen Störungen teilweise auch in den Registrierungen der Vertikalkomponente Z (Abb. 11) nachweisen. Man kann die größeren Störungen in Resolute Bay und Baker Lake ebenso wie in Sitka und Victoria, weniger deutlich dagegen in Meanook (unempfindliche Registrierung) erkennen. Allerdings ist auch hier während des größeren Ausbruches in College eine magnetische Störung nur an den Stationen nördlich von Ft. Churchill angedeutet. Gut sind dagegen die Störungen um 00 UT und 11.30 UT in Sitka und Victoria zu erkennen. In niederen Breiten lassen sich keine Störungen nachweisen.

3.5 Ereignisse am 22. Juni 1961, westliche Gruppe

Zu der westlichen Gruppe gehören neben den Stationen, deren Magnetogramme in Abb. 12 zusammengestellt sind, auch Thule und Godhavn. Da deren Magnetogramme aber besser im Zusammenhang mit den anderen auf der Polarkappe registrierten besprochen werden können, sind sie mit diesen erst in Abb. 15 (Polarkappe) (S. 32) dargestellt. Andererseits wurde Leirvogur in die westliche Gruppe aufgenommen, eine Station, die zwischen der westlichen und der Kiruna-Gruppe liegt und deren Registrierungen schon mit denen der Kiruna-Gruppe behandelt wurden.

Agincourt lag während des ersten Ausbruches in Kiruna nahe der neutralen Zone. Daher tritt nur eine kurze Spitze in dem Magnetogramm auf. Aber auch während der weiteren Ausbrüche lassen sich bayartige Störungen kaum verfolgen. Das ist nur dadurch zu erklären, daß Agincourt ähnlich wie Kerguelen zwischen dem Polarlichtzonen-Strom und dessen Rückströmen gelegen hat. In San Miguel und Tenerife treten während aller Ausbrüche in Kiruna Magnetfeldstörungen auf. Da an diesen Stationen die Störung gleich nach Mitternacht noch nicht so groß ist wie in der Kiruna-Gruppe, tritt die zweite Störung zur Zeit des kleineren Ausbruches gegen 01.30 UT deutlich hervor. Sehr gut ist dann auch die bayartige Störung während des dritten Ausbruches zwischen 03 UT und 05 UT zu erkennen, weniger deutlich dagegen die Doppelstörung während der kleineren Ausbrüche zwischen 07 UT und 09 UT und auch die Störung gegen 11.30 UT. Während des großen Ausbruches in College gegen 18 UT findet sich nur eine schwache negative Störung angedeutet. Die Stationen lagen zu dieser Zeit am Ende des tagseitigen Stromsystemes, fast schon in der neutralen Zone. In Paramaribo sind die Störungen nur schlecht zu erkennen, einmal wegen der Unempfindlichkeit der Instrumente, dann aber auch wegen der Lage der Station nahe am Äquator.

In Huancayo, sehr weit westlich innerhalb dieser Gruppe, wurde während des ersten Ausbruches in Kiruna nur eine schwache positive Störung registriert. Deutlich sind diejenigen gegen 03 UT (verschoben), die Doppelstörung zwischen 07 UT und 09 UT und die Einzelstörung gegen 11.30 UT zu sehen.

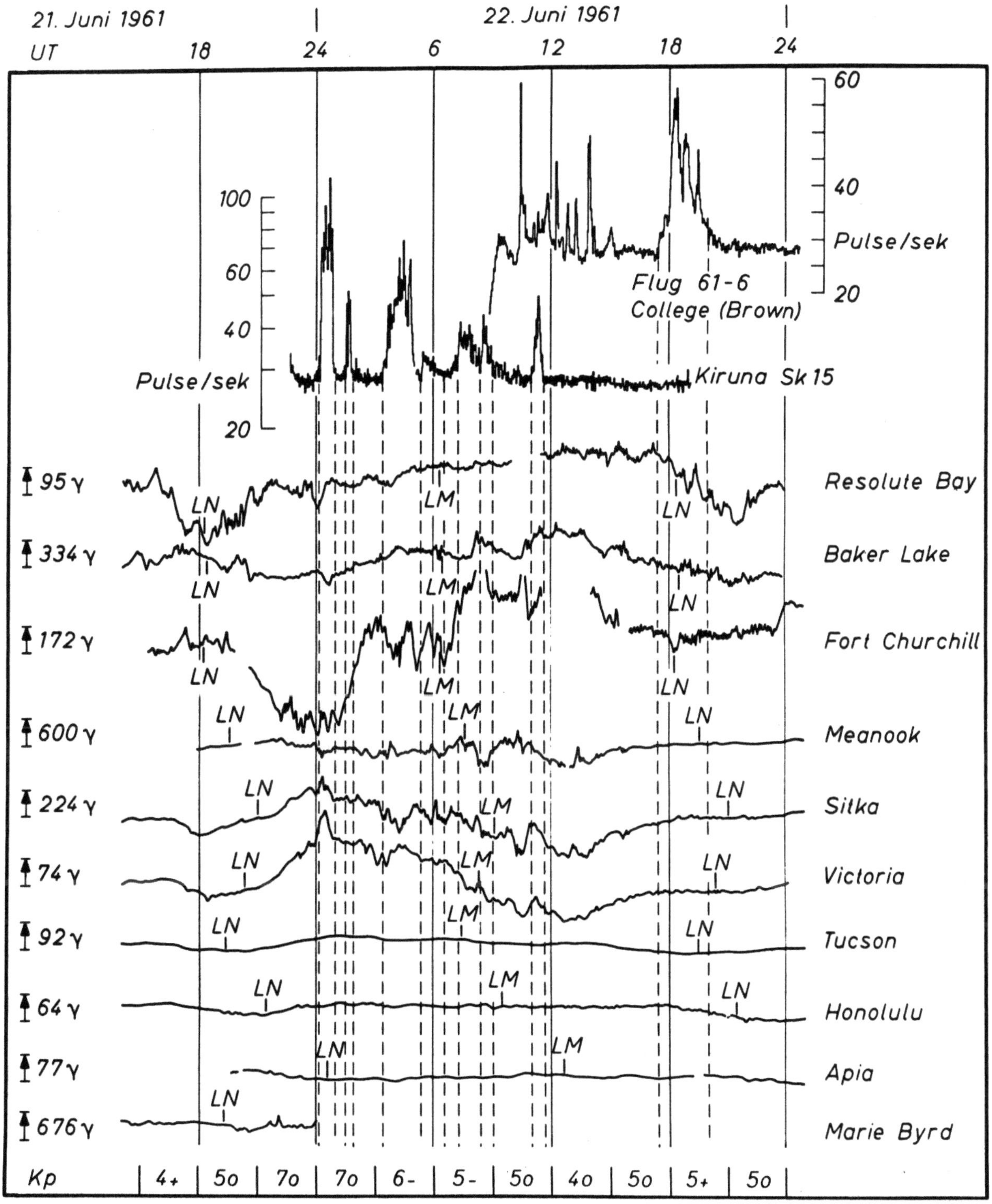

Abb. 11: Vertikalkomponente Z der gegenüberliegenden Gruppe. Die Pfeile links geben die positive Richtung von Z an (internationale Definition), die Zahl daneben die der Pfeillänge entsprechende Amplitude. LM = Mitternacht nach Lokalzeit, LN = Mittag nach Lokalzeit. Die Koordinaten der Stationen findet man in Abb. 9. (Die Zählraten des Kiruna-Aufstieges sind logarithmisch aufgetragen, die des College-Aufstieges linear.)

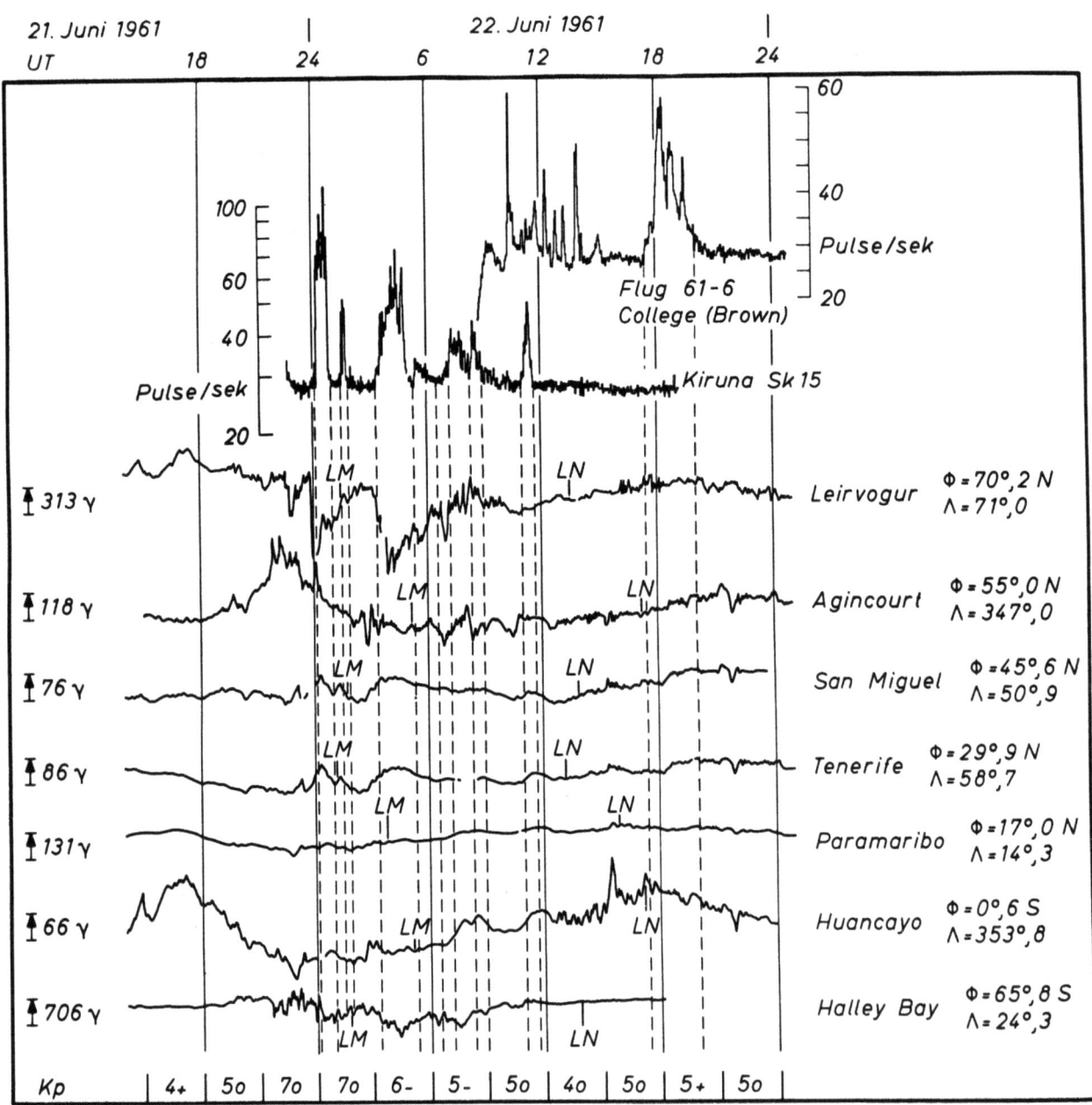

Abb. 12: Horizontalkomponente H der westlichen Gruppe. Die Pfeile links geben die positive Richtung an, die Zahl daneben die der Pfeillänge entsprechende Amplitude. Angegeben sind geomagnetische Koordinaten. LM = Mitternacht nach Lokalzeit, LN = Mittag nach Lokalzeit. (Die Zählraten des Kiruna-Aufstieges sind logarithmisch aufgetragen, die des College-Aufstieges linear.)

Die große Spitze gegen 16 UT muß man wahrscheinlich auf den "equatorial electrojet" (siehe [2]) zurückführen.

In Halley Bay sind die Registrierinstrumente sehr unempfindlich gewesen, die Fluktuationen gleichzeitig aber verhältnismäßig groß. Trotzdem kann man während fast aller in Kiruna gemessenen Ausbrüche negative Störungen finden. Sie sind dem südlichen, auch nach Westen fließenden, nachtseitigen Polarlichtzonen-Strom zuzuschreiben.

In den Deklinationsregistrierungen D dieser Gruppe (Abb. 13) sind die magnetischen Störungen, die die Ausbrüche begleiten, kaum zu verfolgen. Agincourt lag zwischen Polarlichtzonen-Strom und Rückströmen, also ungünstig, und an den anderen Stationen wurde mit zu geringer Empfindlichkeit registriert. Ähnliche Feststellungen gelten für die Registrierungen der Vertikalkomponente Z. Auch hier erkennt man die Störungen nur undeutlich. In Paramaribo ist zwar die Empfindlichkeit wesentlich größer als an den übrigen Stationen, aber immer noch nicht ausreichend, um in der Nähe des Äquators deutliche Störungen registrieren zu können. (Abb. 14).

3.6 Ereignisse am 22. Juni 1961, Polarkappe

In Abb. 15 sind die Magnetfeld-Registrierungen der Stationen Thule, Resolute Bay, Godhavn und Baker Lake dargestellt. Wegen der großen Deklination in Thule ($88°44'$ W) und Godhavn ($55°56'$ W) wurden folgende Registrierkurven untereinander gezeichnet:

Gruppe I	Thule: D	Resolute Bay: X	Godhavn: D	Baker Lake: X
Gruppe II	Thule: -H	Resolute Bay: Y	Godhavn: -H	Baker Lake: Y

Wie man aus Abb. 16 ersehen kann, sind die Richtungen der Komponenten in Gruppe I genauso, wie die in Gruppe II, untereinander nahezu parallel. Die unteren vier Kurven auf Abb. 15 stellen die Z-Registrierungen dieser Stationen dar.

Es fällt sofort auf, daß man von den Störungen, die die Röntgenstrahlungs-Ausbrüche begleiten, nur wenige erkennt. Nur die Störung gleich nach 00 UT tritt deutlich auf, und zwar sowohl in den Komponenten in X-Richtung wie auch in Y-Richtung. Das bedeutet, daß diese Stationen demjenigen Polarkappen-Gebiet nahe waren, das der neutralen Zone in mittleren Breiten entspricht. Während der Störung zwischen 03 UT und 05 UT lagen diese Stationen diesem Gebiet noch näher, so daß Störungsausschläge fast nur in der Registrierung der Komponenten in Y-Richtung zu erkennen sind. Von allen anderen Störungen ist nicht viel zu sehen. Nur während des großen Ausbruches in College gegen 18 UT sind die Fluktuationen noch einmal auffallend groß.

Auf der Polarkappe, jedenfalls in dem Teil, in dem diese Stationen liegen, konnten deutliche Magnetfeldstörungen also nur während der größeren Ausbrüche verfolgt werden. In großen Zügen lassen sich die Störungen aber auch da wieder mit dem Stromsystem von SILSBEE und VESTINE (Abb. 1) erklären.

Die teilweise deutliche Parallelität der Registrierkurven, wie man sie besonders gut zwischen der D-Registrierung in Thule und der X-Registrierung in Resolute Bay erkennen kann, läßt sich ebenfalls mit diesem Stromsystem erklären, da es ein nahezu homogenes Feld auf der Polarkappe hervorruft.

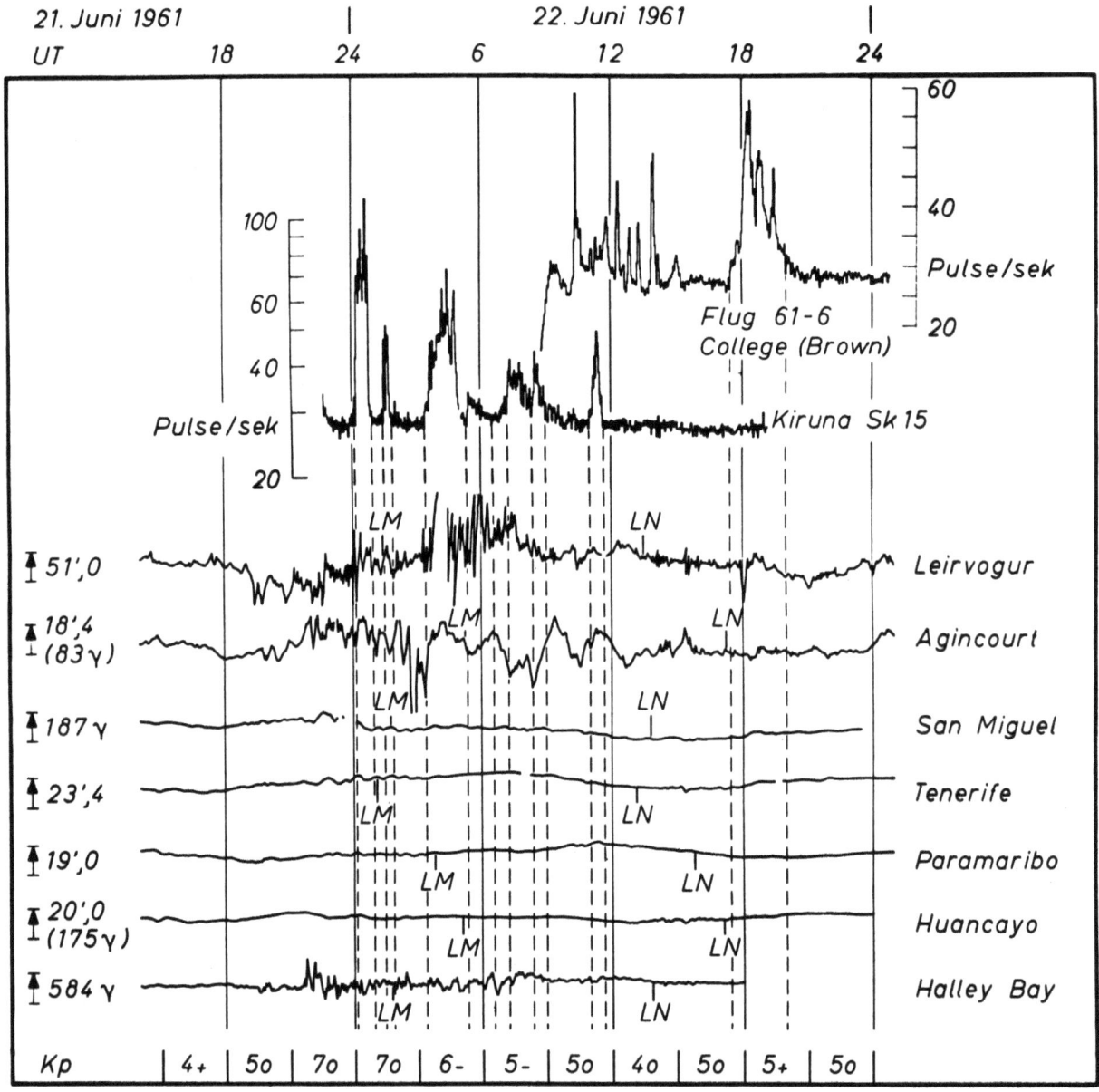

Abb. 13: Deklination D der westlichen Gruppe. Die Pfeile links geben die Richtung von D nach Osten, die Zahl daneben die der Pfeillänge entsprechende Amplitude. LM = Mitternacht nach Lokalzeit, LN = Mittag nach Lokalzeit. Die Koordinaten der Stationen findet man in Abb. 12. (Die Zählraten des Kiruna-Aufstieges sind logarithmisch aufgetragen, die des College-Aufstieges linear.)

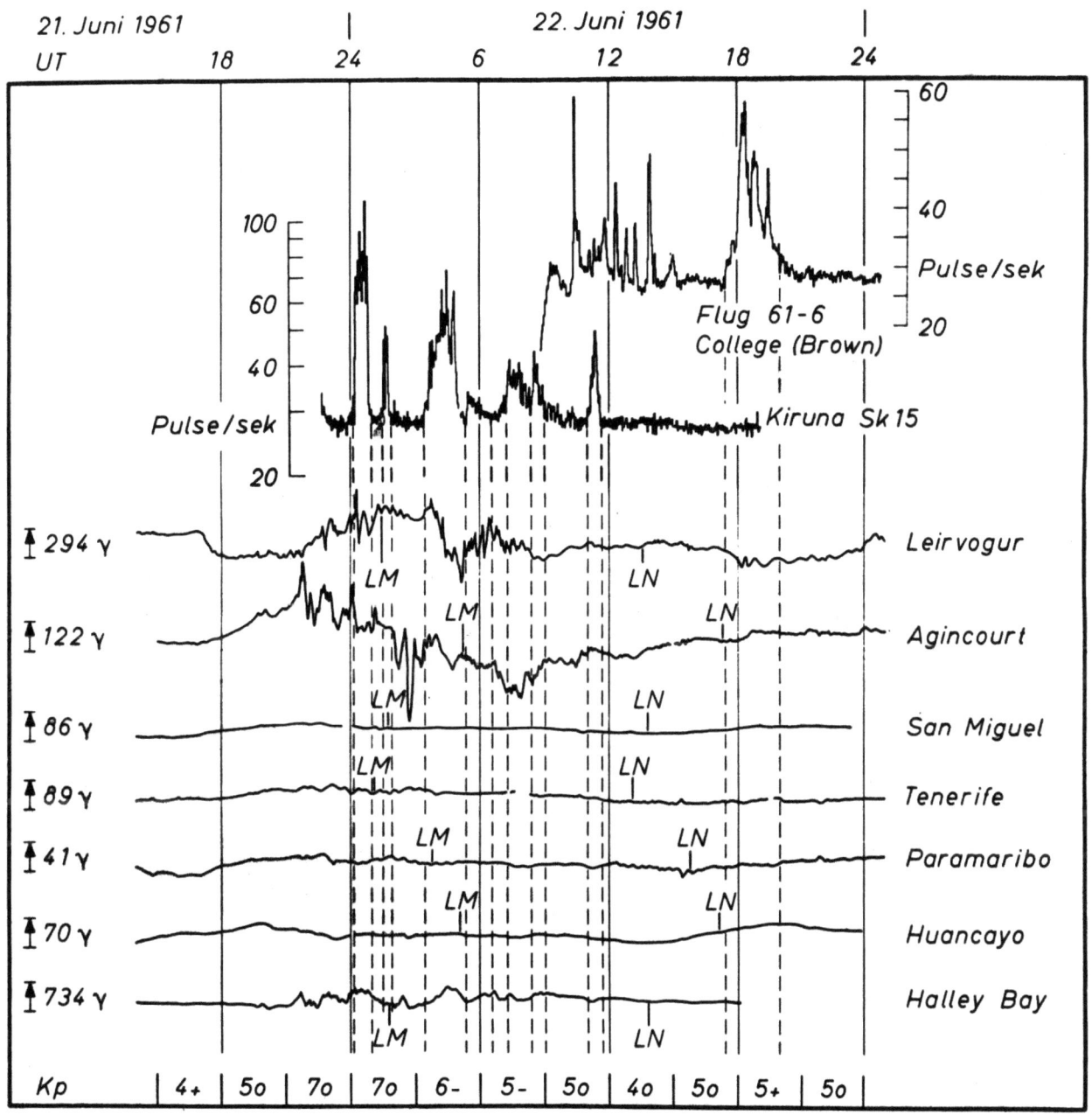

Abb. 14: Vertikalkomponente Z der westlichen Gruppe. Die Pfeile links geben die positive Richtung von Z an (internationale Definition), die Zahl daneben die der Pfeillänge entsprechende Amplitude. LM = Mitternacht nach Lokalzeit, LN = Mittag nach Lokalzeit. Die Koordinaten der Stationen findet man in Abb. 12. (Die Zählraten des Kiruna-Aufstieges sind logarithmisch aufgetragen, die des College-Aufstieges linear.)

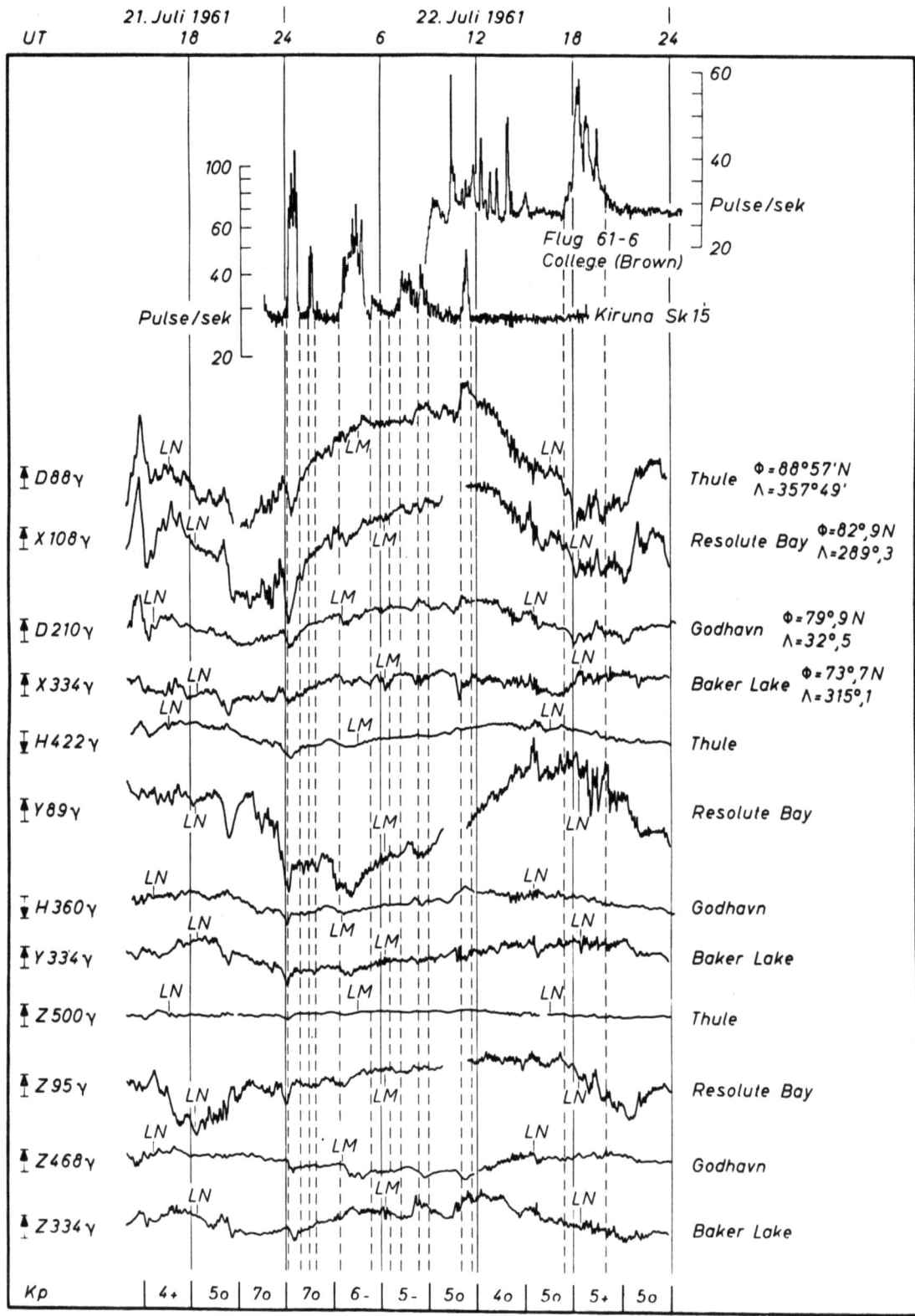

Abb. 15: Registrierungen der Stationen auf der Polarkappe. Die Pfeile links geben die positive Richtung an, die Zahl daneben die der Pfeillänge entsprechende Amplitude. Angegeben sind geomagnetische Koordinaten. LM = Mitternacht nach Lokalzeit, LN = Mittag nach Lokalzeit. (Die Zählraten des Kiruna-Aufstieges sind logarithmisch aufgetragen, die des College-Aufstieges linear.)

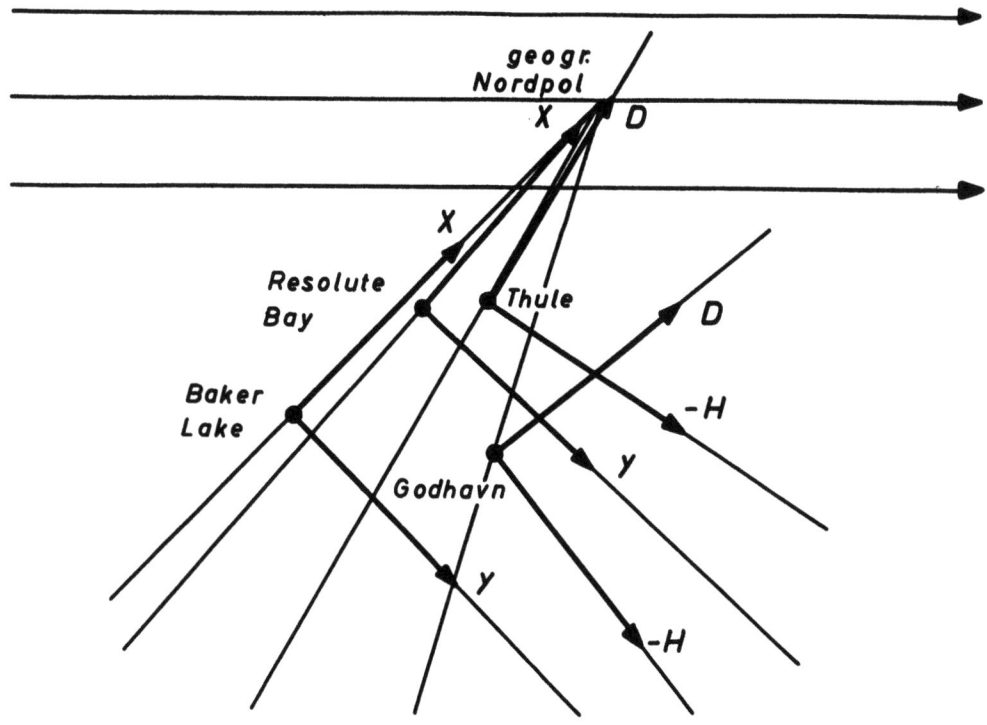

Abb. 16: Lage der Stationen Thule, Resolute Bay, Godhavn und Baker Lake mit den Richtungen der registrierten Komponenten.

3.7 Ereignisse am 22. Juni 1961, Polarlichtzone

In Abb. 17 sind die H-Registrierungen der Stationen zusammengestellt, die etwa in der Polarlichtzone liegen. Diese Übersicht soll die für die verschiedenen Bereiche der Polarlichtzone typischen magnetischen Störungen erkennen lassen. Das ist deswegen von besonderer Bedeutung, weil ja gerade dort die Röntgenstrahlungs-Ausbrüche auftreten.

Leider läßt sich diese Absicht nur teilweise verwirklichen. Denn erstens umfassen die Stationen nicht die ganze Polarlichtzone, da Magnetogrammkopien russischer Stationen nicht zu bekommen waren. Zweitens ist es wegen der Verschiebung der Polarlichtzone in Abhängigkeit von dem Grade der magnetischen Unruhe nicht ohne weiteres zu erwarten, daß man typische Verhältnisse ohne Unterbrechung in den verfügbaren Registrierungen der festen Stationen vorfindet. Daher lassen sich die Eigenschaften der bayartigen Störungen eigentlich nur während der größeren Ereignisse nachweisen.

Doch beginnen wir zunächst mit der Registrierung von College, auf die zwar kurz schon hingewiesen wurde, die aber in den bisher besprochenen Abbildungen noch nicht vorkam. In der dortigen Registrierung ist der S_D-Gang (Gang an gestörten Tagen [14]) wegen der sehr großen Empfindlichkeit des Magnetometers deutlich ausgeprägt, aber größere bayartige Störungen sind nicht zu erkennen. Sie waren tatsächlich während des ersten Ausbruches in Kiruna dort auch nicht zu erwarten, da die neutrale Zone zu dieser Zeit in der Nähe von College lag. Recht deutlich findet man dagegen die Störungen, die zu den Einzelspitzen in College gehören. Gegen 18 UT, während des größeren Ausbruches in College, ist eine positive bayartige Störung nur ganz schwach angedeutet. Auch zu dieser Zeit lag die neutrale Zone in

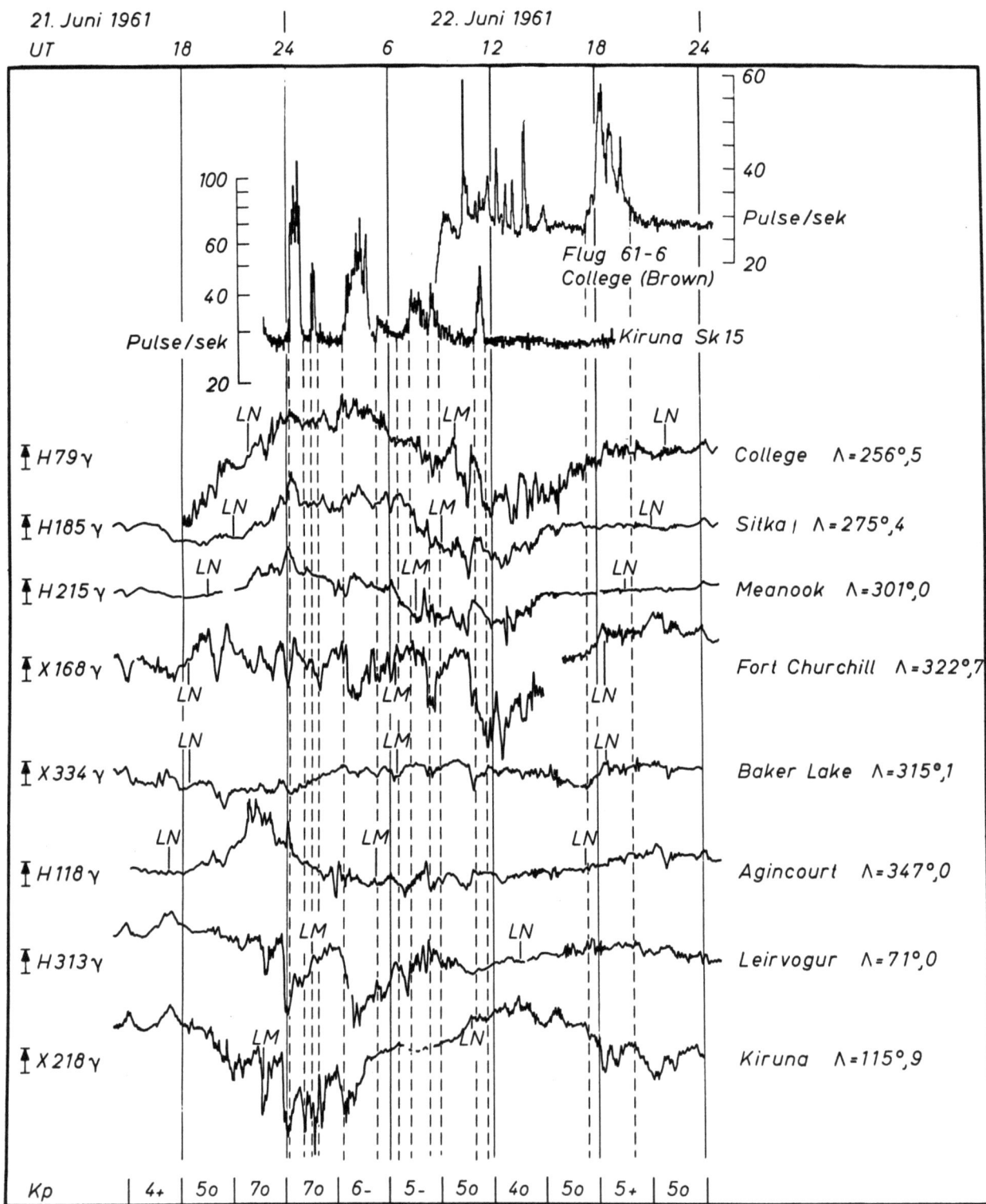

Abb. 17: Horizontalkomponente H bzw. Nordkomponente X der Polarlichtzonen-Stationen. Die Pfeile links geben die positive Richtung an, die Zahl daneben die der Pfeillänge entsprechende Amplitude. Angegeben sind geomagnetische Koordinaten. LM = Mitternacht nach Lokalzeit, LN = Mittag nach Lokalzeit. (Die Zählraten des Kiruna-Aufstieges sind logarithmisch aufgetragen, die des College-Aufstieges linear.)

der Nähe von College. Diese Station ist daher ein deutliches Beispiel für die in Kap. 2 beschriebene Schwierigkeit, irgendwelche Zusammenhänge zwischen Röntgenstrahlungs-Ausbrüchen und Magnetfeld-Variationen nur aus den Magnetogrammen der Stationen, die in der Nähe des Ballon-Startplatzes liegen, abzuleiten. Für den Ausbruch gegen 18 UT hätte man hier keine begleitende bayartige Störung gefunden.

In der Polarlichtzone erwartet man insgesamt folgendes Verhalten der bayartigen erdmagnetischen Störungen: Gegen 12 LT sollten die Ausschläge in der H-Registrierung positiv sein, gegen 00 LT negativ. Gegen 09 LT und 20 LT, in den neutralen Zonen, sollten sie überhaupt nicht erscheinen. Bei Berücksichtigung der zusätzlichen Breitenabhängigkeit des Störungsfeldes ist dieses Verhalten in den dargestellten Registrierungen auch tatsächlich zu erkennen und wird hier für die größeren Ereignisse noch einmal kurz zusammengestellt.

Ausbruch 00 UT bis 01 UT in Kiruna:

Positive Störungen in Sitka und Meanook (Tagseite), Ft. Churchill und Baker Lake liegen im Bereich der Polarkappen-Ströme, negative Störungen in Leirvogur und Kiruna (Nachtseite).

Ausbruch 03 UT bis 05 UT in Kiruna:

Schwächere positive Störungen in Sitka und Meanook (Tagseite), Ft. Churchill und Baker Lake liegen wieder in der Polarkappe, negative Störungen in Leirvogur und Kiruna (Nachtseite).

Gruppe von Einzelspitzen von 10 UT bis 14 UT in College:

Die negativen Störungen in College, Sitka, Meanook und Ft. Churchill lassen sich etwa den Einzelspitzen zuordnen (Nachtseite). Auf der Tagseite findet man keine entsprechenden positiven Störungen.

Ausbruch 18 UT bis 20 UT in College:

Andeutungen einer positiven bayartigen Störung in Ft. Churchill und Baker Lake (Tagseite, beide Stationen jetzt nahe der Polarlichtzone). Negative Störung in Kiruna (Nachtseite). Das Nachtstrom-Maximum hat wahrscheinlich östlich von Kiruna, im Bereich russischer Stationen, gelegen.

3.8 Ereignisse am 22. Juni 1961, Äquatorstationen

Da man die größeren Störungen oft in niederen Breiten deutlicher erkennen kann als in hohen, weil die starken Fluktuationen fehlen, wurden in Abb. 18 die H-Registrierungen der Äquatorstationen zusammengestellt. Bei der Betrachtung dieser Abbildung ist ganz besonders darauf zu achten, daß die Empfindlichkeiten der Registrierinstrumente an den einzelnen Stationen sehr unterschiedlich sind.

Während des ersten Ausbruches in Kiruna finden sich deutliche positive Störungen in Addis Abeba und Kodaikanal, schwache in Huancayo und Paramaribo (nachtseitige Rückströme in der Darstellung von SILSBEE und VESTINE) (Abb. 1). Ganz schwache Störungen kann man in Apia, Honolulu und Easter Island beobachten (Tagseite). Die Störung gegen 03 UT tritt an fast allen Stationen auf, da die Stromlinien des Nachtstromsystemes um die ganze Erde herumgreifen (s. o.). Für die Ausbrüche zwischen 07 UT und 09 UT erscheinen positive Störungen in Easter Island und Huancayo, während des Ausbruches gegen 11.30 UT kann man sie wieder an fast allen Stationen verfolgen (s. o. Ausbruch von 03 UT bis 05 UT). Während des größeren Ausbruches in College kann man nur in Addis Abeba und Kodaikanal eine magnetische Störung eindeutig feststellen.

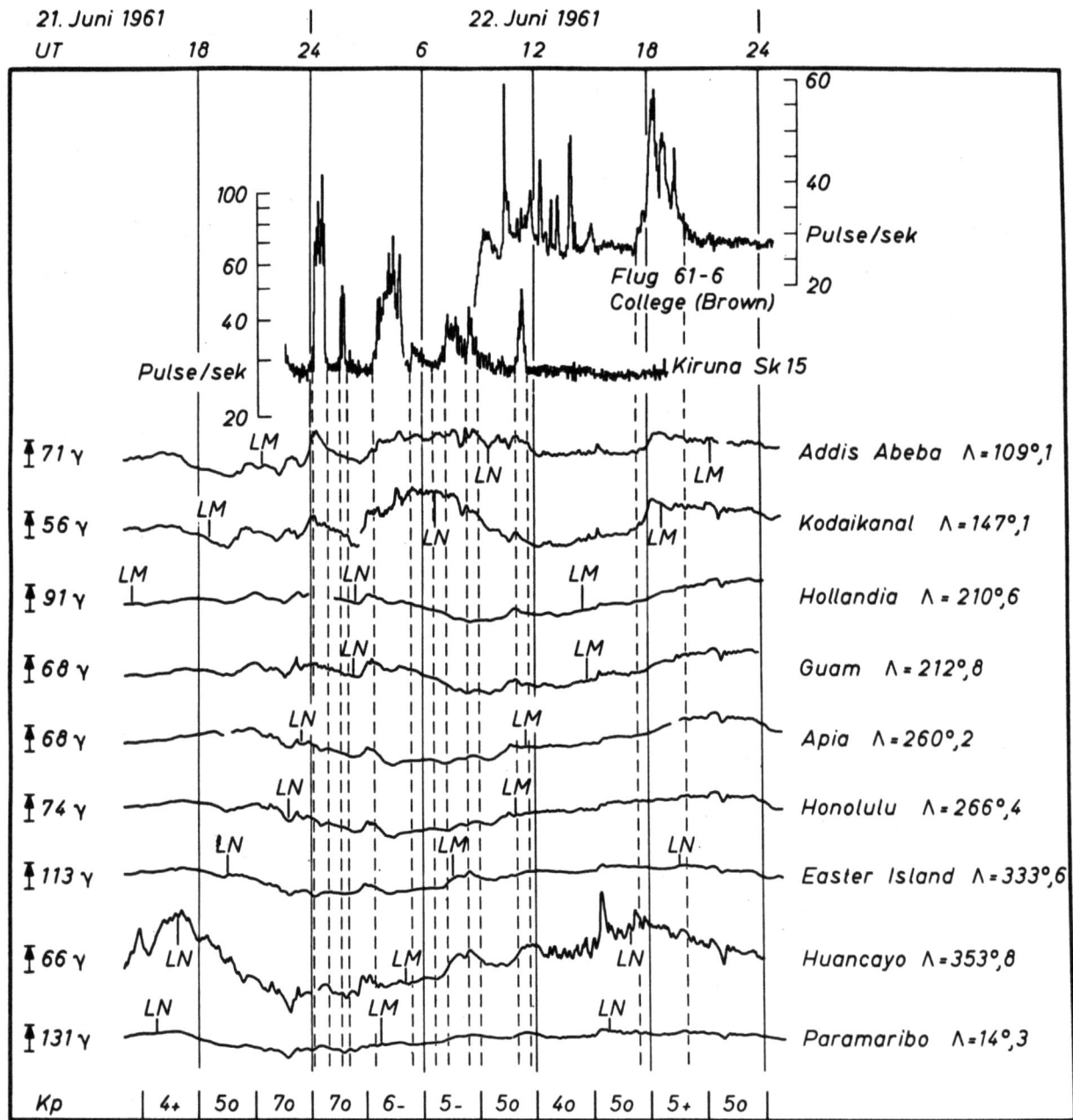

Abb. 18: Horizontalkomponente H der Äquatorstationen. Die Pfeile links geben die positive Richtung an, die Zahl daneben die der Pfeillänge entsprechende Amplitude. Angegeben sind geomagnetische Koordinaten. LM = Mitternacht nach Lokalzeit, LN = Mittag nach Lokalzeit. (Die Zählraten des Kiruna-Aufstieges sind logarithmisch aufgetragen, die des College-Aufstieges linear.)

Man kann also, wie in der Polarlichtzone, die bayartigen erdmagnetischen Störungen am besten in den Registrierungen der Stationen erkennen, die zur Zeit der Ausbrüche nach Ortszeit etwa Mitternacht hatten. Da die tagseitigen Rückströme in der Äquatorzone jedoch sehr schwach sind, lassen sie sich nur selten auf der Tagseite nachweisen. Der Längenbereich, in dem die Ausbrüche deutlich zu beobachten sind, hängt ab von der Weltzeit des Auftretens der Störung und verschiebt sich daher im Laufe eines Aufstieges.

3.9 Zusammenfassung der Beobachtungen während der Ereignisse am 22. Juni 1961

Bei der vorangehenden ausführlichen Diskussion der Magnetfeldvariationen während der Aufstiege SK 15 aus Kiruna und 61-6 aus College hat sich gezeigt, daß gleichzeitig mit jedem Röntgenstrahlungs-Ereignis Magnetfeldstörungen aufgetreten sind. Die größeren Ausbrüche fallen mit Störungen zusammen, die alle wesentlichen Kennzeichen der bayartigen erdmagnetischen Störungen aufweisen. Zur Beschreibung dieser Störung haben SILSBEE und VESTINE ein Stromsystem angegeben [35].

Die magnetischen Störungen sind am deutlichsten auf den Registrierungen der Stationen zu erkennen, an denen zur Zeit des Ausbruches nach Ortszeit etwa Mitternacht war, dann sogar auch in mittleren und niederen Breiten. Oft sind sie gegen 12 LT auch auf der Tagseite zu erkennen, selten aber gegen 09 LT und 20 LT. Diese Zeiten entsprechen den nacht- und tagseitigen Strommaxima bzw. den neutralen Zonen in dem Stromsystem von SILSBEE und VESTINE (Abb. 1).

Bei kleineren Ausbrüchen kann man die gleichzeitigen Magnetfeldstörungen nur an den Stationen beobachten, deren Ortszeit gerade recht genau Mitternacht ist. Diese Tatsache läßt die Möglichkeit zu, daß auch kleine Ausbrüche von bayartigen erdmagnetischen Störungen begleitet werden. Doch ist das Stromsystem in diesen Fällen so schwach und örtlich begrenzt, daß sein Magnetfeld nur in unmittelbarer Nähe des Strommaximums als magnetische Störung registriert werden kann. Dieser Zusammenhang gilt angenähert auch für Gruppen von Einzelspitzen, obwohl es dann nicht mehr eindeutig möglich ist, jeder Einzelspitze eine eigene Magnetfeldstörung zuzuordnen.

4. Weitere Beispiele für den Zusammenhang zwischen Röntgenstrahlungs-Ausbrüchen und bayartigen erdmagnetischen Störungen

In den Abb. 19 - 23 wurden Registrierungen von Röntgenstrahlungs-Ausbrüchen (Zählraten des Einzelzählrohres) und von gleichzeitigen Störungen der Horizontal- bzw. Nordkomponente H bzw. X des Magnetfeldes der Erde zusammengestellt. Von den magnetischen Stationen wurden eine Station in der Nähe des Ballon-Startplatzes, eine Station derselben Gruppe in mittleren Breiten (siehe 3.1) und einige Stationen, an denen zur Zeit des Ausbruches gerade etwa 24 Uhr Lokalzeit war, ausgewählt. In diesen Abbildungen soll gezeigt werden, wie die Magnetfeldstörungen, die die Ausbrüche begleiten, in der Nähe des Ballonortes erscheinen und daß sie etwa in dem Gebiet am stärksten sind, in dem das Stromsystem von SILSBEE und VESTINE (Abb. 1) sein nachtseitiges Strommaximum hat.

In Abbildung 19 sind Ausschnitte aus zwei Aufstiegen in Kiruna dargestellt. Die beiden Ausbrüche am 1. Oktober 1960 begannen etwa im Maximum positiver Störungen in Kiruna. In Göttingen (mittlere Breiten) erkennt man während des ersten Ausbruches nur eine schwache negative Störung, während des zweiten eine deutlichere. Während des ersten Ausbruches lag also der Beginn eines Tagstromsystemes über Kiruna, während des zweiten dann fast das Maximum dieses Systems. Starke negative Störungen

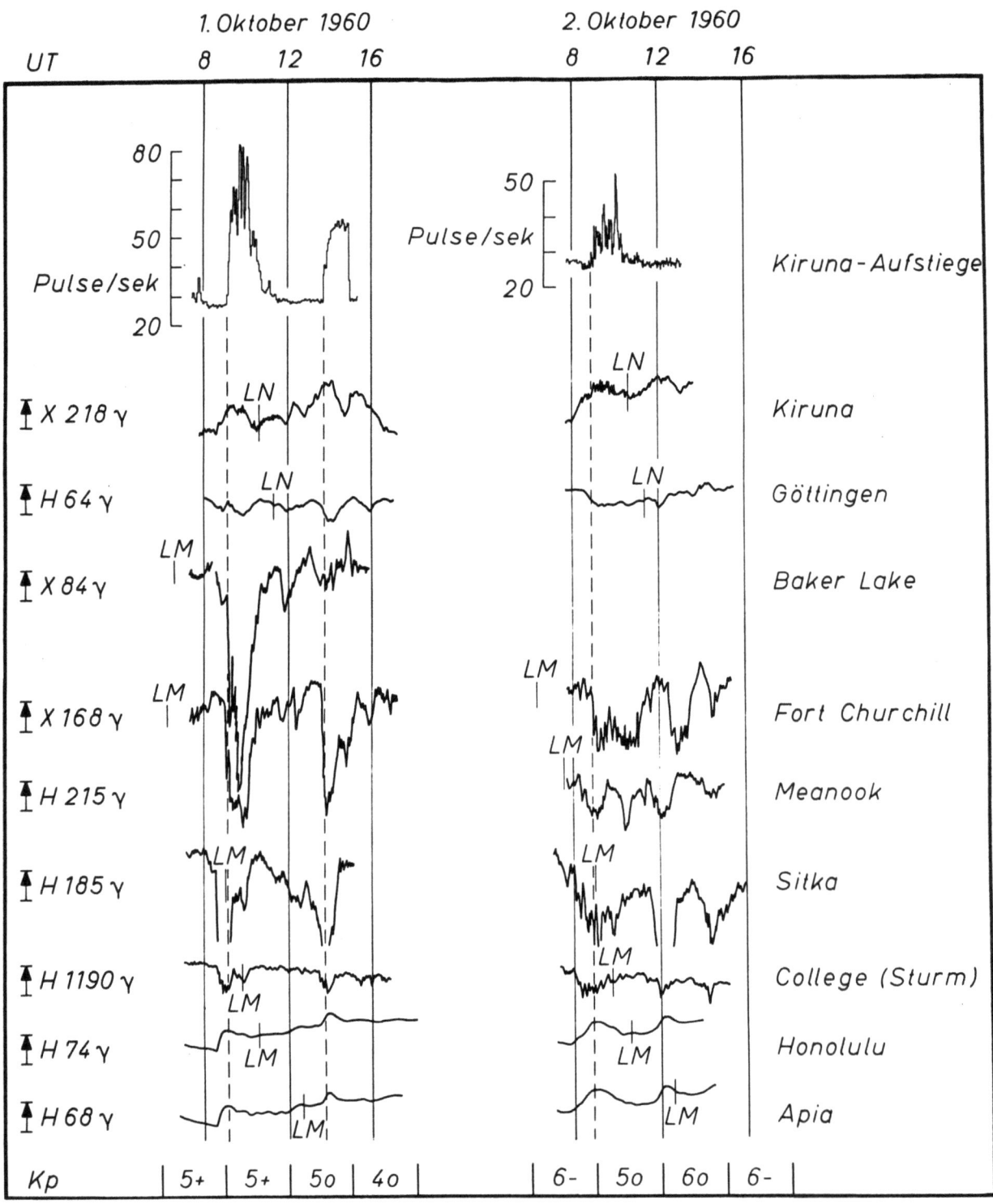

Abb. 19: Ausschnitte aus Kiruna-Aufstiegen vom 1. und 2. Oktober 1960 [31], dazu Horizontalkomponente H bzw. Nordkomponente X von Kiruna, Göttingen und einigen Stationen, die zur Zeit der Ausbrüche nach Lokalzeit etwa Mitternacht haben. Die Pfeile links geben die positive Richtung an, die Zahl daneben die der Pfeillänge entsprechende Amplitude. LM = Mitternacht nach Lokalzeit, LN = Mittag nach Lokalzeit.

findet man am 1. Oktober für beide Ausbrüche in Baker Lake, Ft. Churchill, Sitka und College (Skalenwert in College beachten), deutliche positive Störungen in Honolulu und Apia. An diesen Stationen war während der Ausbrüche nach Ortszeit etwa Mitternacht. Sie lagen also in der Nähe des nachtseitigen Strommaximums. In beiden Fällen beginnt der Ausbruch nahe dem Maximum der Störungen an diesen Stationen oder in deren steiler Anfangsphase.

Ganz ähnlich wie bei dem ersten Ausbruch vom 1. Oktober sind die Zusammenhänge bei dem kleineren vom 2. Oktober. Auch hier erscheint in Kiruna eine schwache positive Störung, dieses Mal in Göttingen sogar überhaupt keine. Dafür findet man sie wiederum deutlich an den Stationen Ft. Churchill, Meanook, Sitka, College (negative Störungen als Folge des nachtseitigen Polarlichtzonen-Stromes) und in Honolulu und Apia (positive Störungen als Folge der nachtseitigen Rückströme). Über diesen Stationen hat sich das Maximum des nachtseitigen Stromsystemes entwickelt.

Am 2. Oktober wurde gegen 12 UT eine weitere bayartige Störung registriert, ohne daß in Kiruna gleichzeitig ein Strahlungsausbruch nachgewiesen werden konnte. Jedoch läßt sich aus den Riometer-Registrierungen von College (hier nicht dargestellt) vermuten, daß zu dieser Zeit in College ein Elektroneneinfall der Art stattgefunden hat, wie er während der Röntgenstrahlungs-Ausbrüche beobachtet wird. Hier wird noch einmal das Problem der longitudinalen Erstreckung des primären Elektronen-Bombardements angeschnitten, dessen Lösung noch aussteht. (S. auch Kap. 3)

Abb. 20 zeigt eine ganze Reihe von Ausbrüchen, die während eines Aufstieges am 2. 8. 1961 in Kiruna beobachtet wurden. Aus den Magnetogrammen von Kiruna selbst kann man nur einen sehr losen Zusammenhang zwischen diesen Ausbrüchen und magnetischen Störungen erkennen. In Göttingen ist das überhaupt nicht möglich. Wieder kann man jedoch an den Stationen die bayartigen Störungen nachweisen, die zu dieser Zeit in der Nähe des nachtseitigen Strommaximums lagen: Für den ersten Ausbruch in Ft. Churchill, für die späteren in Sitka und College.

Die positiven Störungen in Sitka und College zu Beginn haben ihren Ursprung im Tagstromsystem. Doch schon einige Stunden vor Mitternacht werden auch dort die Störungen negativ (nachtseitiger Polarlichtzonen-Strom). Hier liegt ein Fall vor, in dem der Wechsel vom Tag- zum Nachtstromsystem sehr schnell vor sich geht, so daß eine größere neutrale Zone nicht erscheint.

An demselben Tage wurde auch in Ft. Churchill ein Ballonaufstieg durchgeführt. Der Ballon wurde etwa um 05 UT gestartet. Während der Ausbrüche in Kiruna wurde keinerlei Zusatzstrahlung registriert. Diese Beobachtung ist besonders deshalb bemerkenswert, weil dort zu dieser Zeit bayartige Störungen deutlich zu erkennen sind. Erst gegen 17 UT, als das Magnetfeld in Ft. Churchill ruhig war, wurde ein Röntgenstrahlungs-Ausbruch gemessen. Zu dieser Zeit lag das nachtseitige Strommaximum zwischen der Kiruna-Gruppe und der "östlichen Gruppe" irgendwo über russischen Stationen, läßt sich also hier nicht nachweisen. Doch tritt die begleitende Störung immerhin als positiver Ausschlag in den Magnetogrammen der Stationen Göttingen, Helwan, Addis Abeba, Tananarive und Hermanus auf (Abb. 21), so daß ihre Existenz wenigstens sicher ist.

In Abb. 22 sind Ausschnitte von Strahlungsregistrierungen während zwei Aufstiegen vom 17. Juli 1961 dargestellt. Der Röntgenstrahlungs-Ausbruch am Ende des ersten Aufstieges besteht aus einer längeren Folge kurzer Spitzen, die teilweise ineinander übergehen. Die H-Registrierung in Kiruna zeigt eine bayartige Störung, die etwa gleichzeitig mit dem Ausbruch beginnt, dann sehr langsam zunimmt und ihr Maximum etwa zur Zeit der größten Spitze innerhalb dieses Ausbruches erreicht. Gleich danach nimmt sie langsam wieder ab. Es handelt sich um die typische Form einer bayartigen Störung, die von dem tagseitigen Polarlichtzonen-Strom verursacht wird. In Göttingen (gleiche Gruppe, mittlere Breite) sieht

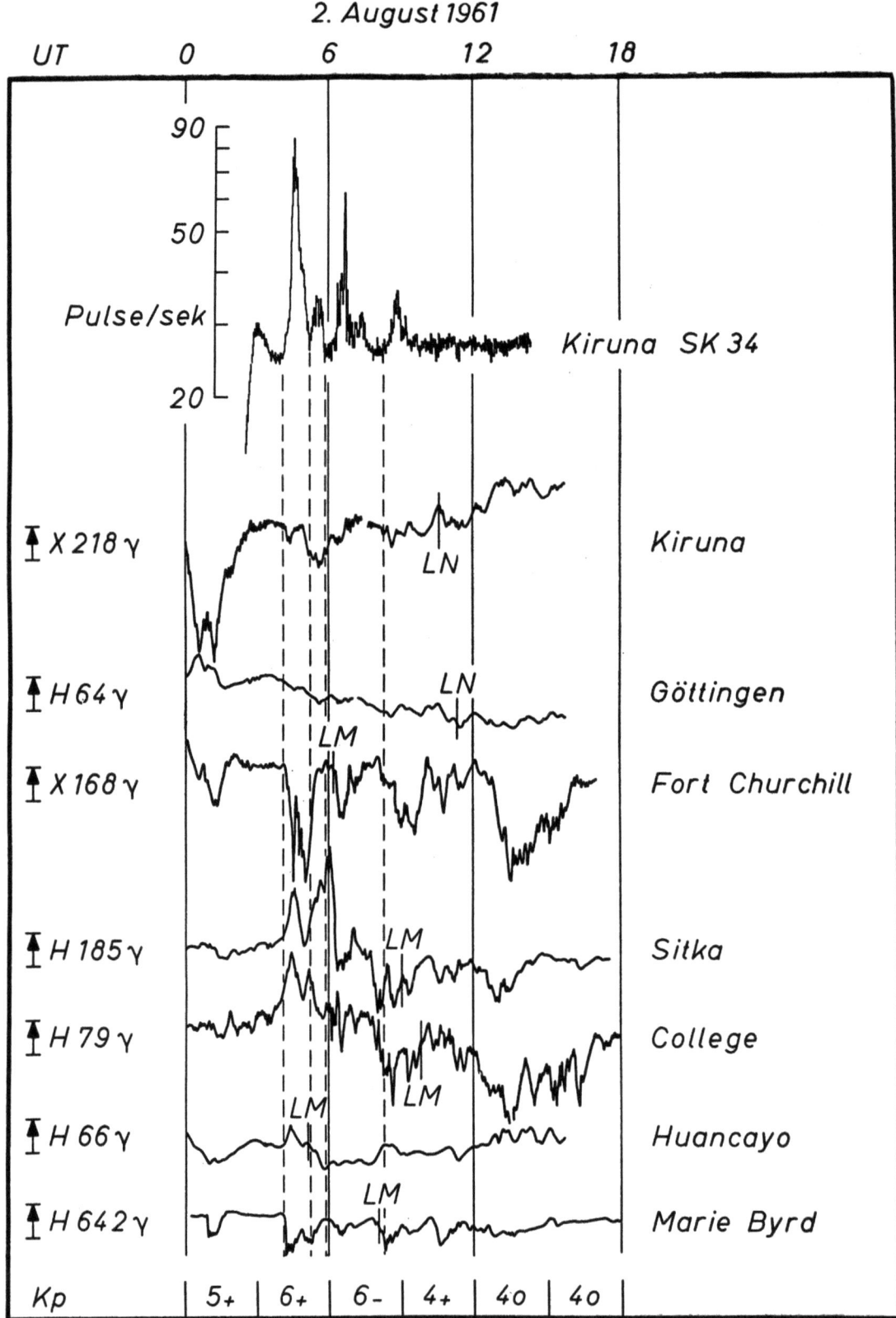

Abb. 20: Ausschnitt aus einem Kiruna-Aufstieg vom 2. 8. 61, dazu Horizontalkomponente H bzw. Nordkomponente X von Kiruna, Göttingen und einigen Stationen, die zur Zeit der Ausbrüche nach Lokalzeit etwa Mitternacht haben. Die Pfeile links geben die positive Richtung an, die Zahl daneben die der Pfeillänge entsprechende Amplitude. LM = Mitternacht nach Lokalzeit, LN = Mittag nach Lokalzeit.

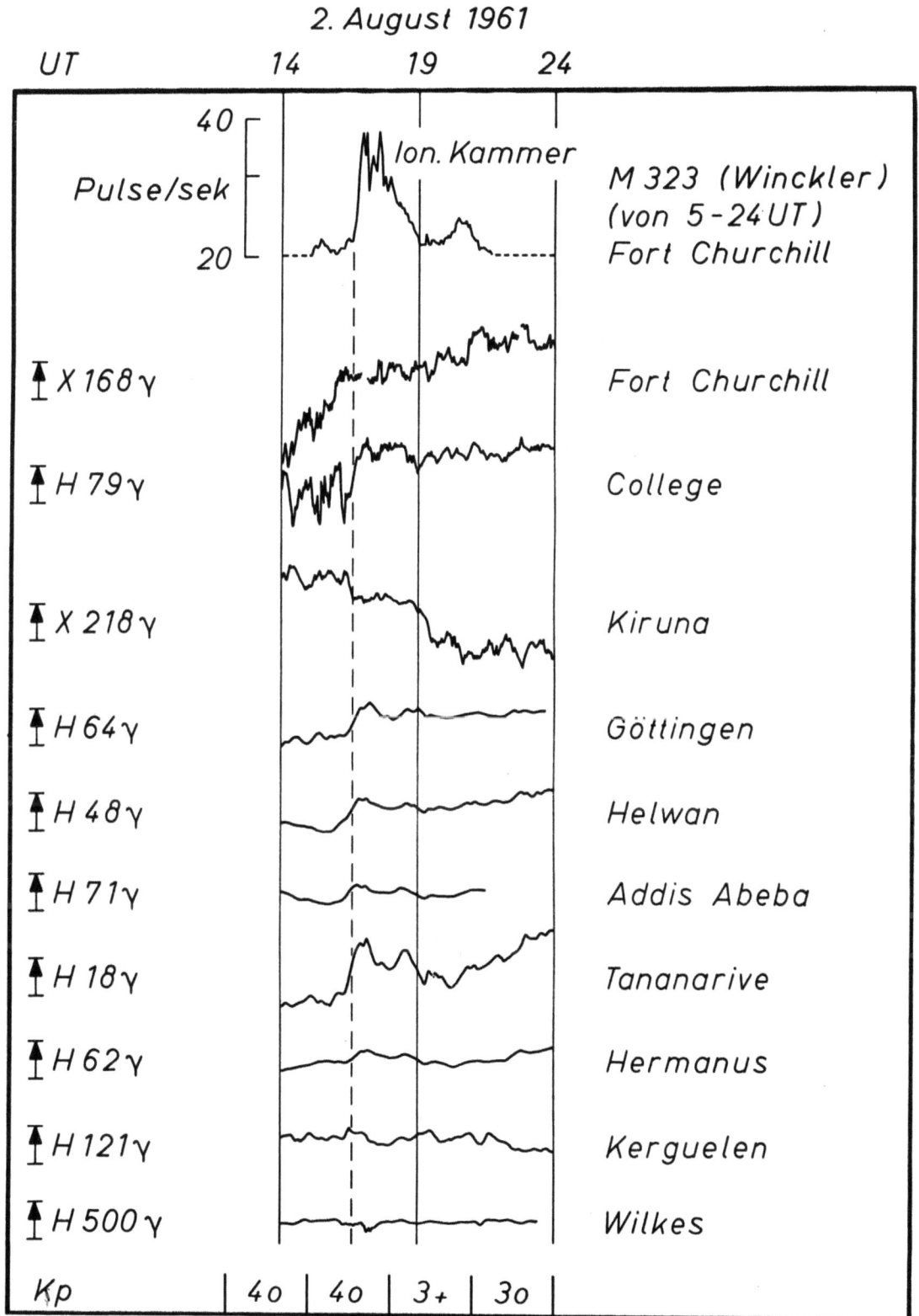

Abb. 21: Ausschnitt aus einem Ft. Churchill-Aufstieg (WINCKLER) vom 2. 8. 1961, dazu Horizontalkomponente H bzw. Nordkomponente X von Ft. Churchill, College und den Stationen der Kirunagruppe.

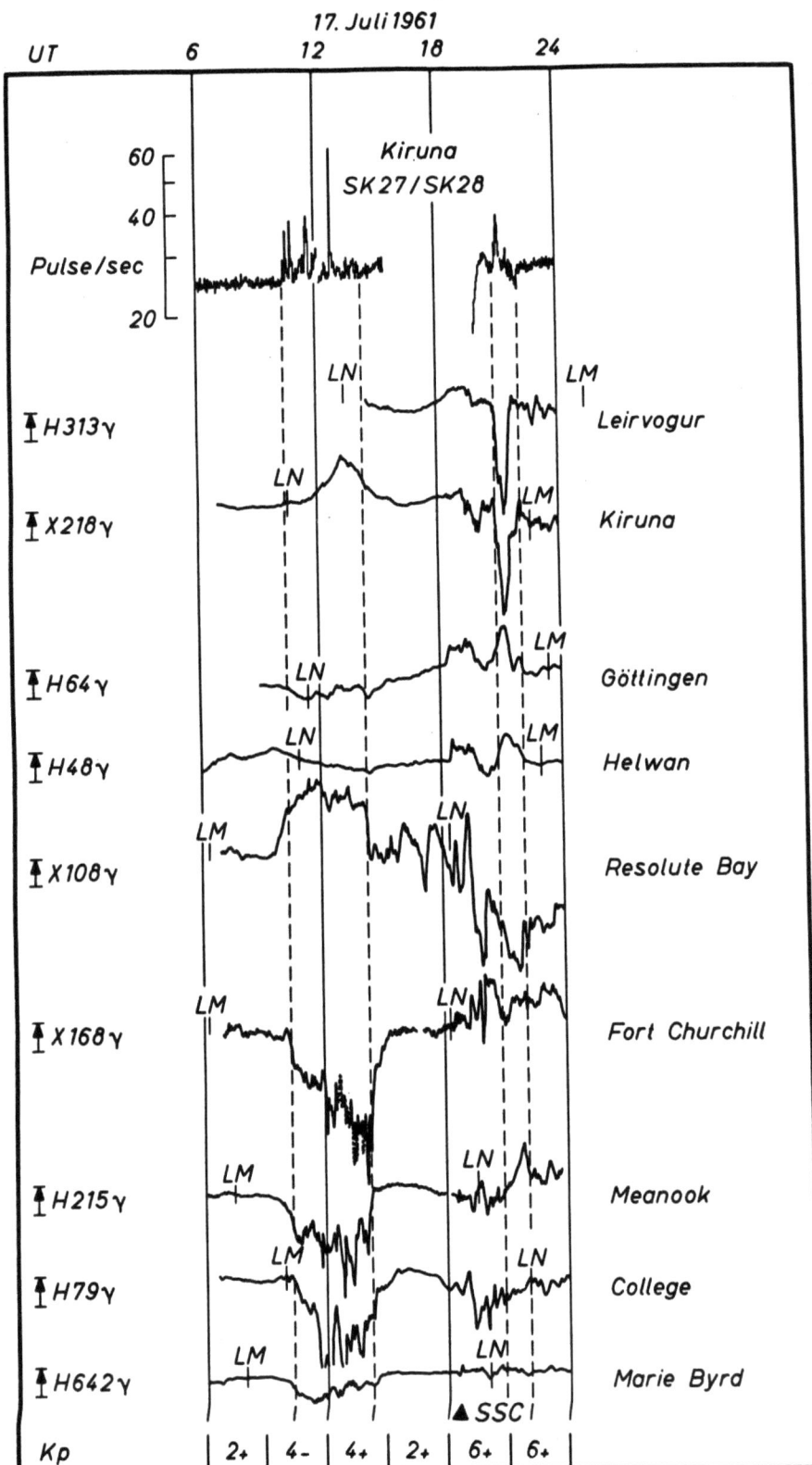

Abb. 22: Ausschnitt aus zwei Kiruna-Aufstiegen vom 17. 7. 61, dazu Horizontalkomponente H bzw. Nordkomponente X von Ft. Churchill, College und den Stationen der Kirunagruppe.

die begleitende Störung schon anders aus. Sie ist negativ (tagseitige Rückströme), beginnt ebenfalls etwa gleichzeitig mit dem Ausbruch, hat aber nicht das ausgeprägte Maximum wie die Störung in Kiruna. Sie besteht eher aus einer Folge von unregelmäßigen Variationen, die noch etwas länger als der Ausbruch andauern. In Helwan (gleiche Gruppe, niedere Breiten) ist von einer gleichzeitigen magnetischen Störung nichts zu erkennen.

Ganz auffallend sind aber die Störungen auf der Nachtseite. Man findet positive Ausschläge in der H-Registrierung von Resolute Bay (Polarkappe), negative in Ft. Churchill, Meanook und College (nördliche Polarlichtzone) sowie in Marie Byrd (südliche Polarlichtzone). An diesen Stationen beginnen die Störungen kurz vor dem Ausbruch und enden etwa gleichzeitig mit ihm oder kurz danach.

Hier liegt ein Beispiel vor, in dem die bayartigen erdmagnetischen Störungen, die die Ausbrüche begleiten, zwar auch auf der Tagseite deutlich zu erkennen sind, eine wesentlich bessere Korrelation mit den Strahlungs-Registrierungen aber in ihrem Verlauf auf der Nachtseite zeigen. Diese Beobachtung weist auf die Möglichkeit hin, daß während der Strahlungsausbrüche die wesentlichen magnetischen Vorgänge auf der Nachtseite ablaufen, auch wenn dieses Gebiet weit von dem Ballonort entfernt ist.

Der Ausbruch um 21 UT zu Beginn des zweiten Aufstieges hat sich während eines erdmagnetischen Sturmes ereignet, bei dem bald nach dem Sturmanfang (s. s. c.) eine bayartige erdmagnetische Störung aufgetreten ist. (In diesem Falle wird der Ursprung der Bezeichnung "polar magnetic substorm" deutlich.) Jetzt liegen Kiruna und Leirvogur in dem Bereich des nachtseitigen Polarlichtzonen-Stromes und zeigen starke negative Störungen. Wie erwartet, sind sie an den Stationen Göttingen und Helwan (Rückströme in mittleren Breiten) positiv. Auf der Tagseite ist diese Störung dagegen nicht so gut zu erkennen. Sie tritt hier innerhalb der zum Sturm gehörenden Magnetfeld-Variationen nicht so deutlich hervor, zeigt aber doch die typischen Kennzeichen einer bayartigen erdmagnetischen Störung auf der Tagseite: In Resolute Bay negative Ausschläge (Polarkappe), in Meanook positive (Polarlichtzone).

Am 28. Juli 1961 (Abb. 23) traten während eines Protoneneinfalles Röntgenstrahlungs-Ausbrüche auf. Der Protoneneinfall begann kurz vor 03 UT und erstreckte sich mit langsam abnehmender Intensität über mehrere Stunden [32]. Die Spitzen im Zählratenverlauf gleich zu Beginn des Protoneneinfalles sind sehr wahrscheinlich schon auf Röntgenstrahlung zurückzuführen [32]. Ganz sicher hat sich dann gegen 06 UT ein Röntgenstrahlungs-Ausbruch ereignet. Abgesehen von starken Pulsationen war das Magnetfeld in Kiruna während dieser ganzen Zeit verhältnismäßig ruhig. Auch das Magnetogramm von Göttingen zeigt keine Störungen. Aber die Stationen, die im Wirkungsbereich des nachtseitigen Polarlichtzonen-Stromes und seiner Rückströme liegen, zeigen, wie in allen anderen Beispielen, deutlich bayartige erdmagnetische Störungen, und zwar sowohl während des ersten, dem Protoneneinfall überlagerten (Spitzen), wie auch während des zweiten größeren Ausbruches gegen 06 UT. Man findet positive Störungsausschläge in Resolute Bay (Polarkappe, allerdings nur während des Ausbruches gegen 06 UT), negative in Ft. Churchill und Halley Bay (nördliche und südliche Polarlichtzone), positive in Tucson und Huancayo (mittlere und niedere Breiten). Zu bemerken ist, daß auch während dieses Aufstieges kein Strahlungsausbruch gleichzeitig mit der starken Störung in Ft. Churchill zwischen etwa 08 UT und 10 UT registriert wurde.

Es zeigt sich also, daß die Beziehungen zwischen Röntgenstrahlungs-Ausbrüchen und Magnetfeldstörungen, wie sie bei den anderen Ereignissen hergeleitet wurden, auch in diesem Beispiel, in dem gleichzeitig Protonen eingefallen sind, unverändert beobachtet werden konnten. Selbstverständlich läßt sich dieses letzte Ergebnis noch nicht verallgemeinern. Wesentliche Abweichungen könnten z. B. bei sehr starkem gleichzeitigem Protoneneinfall auftreten.

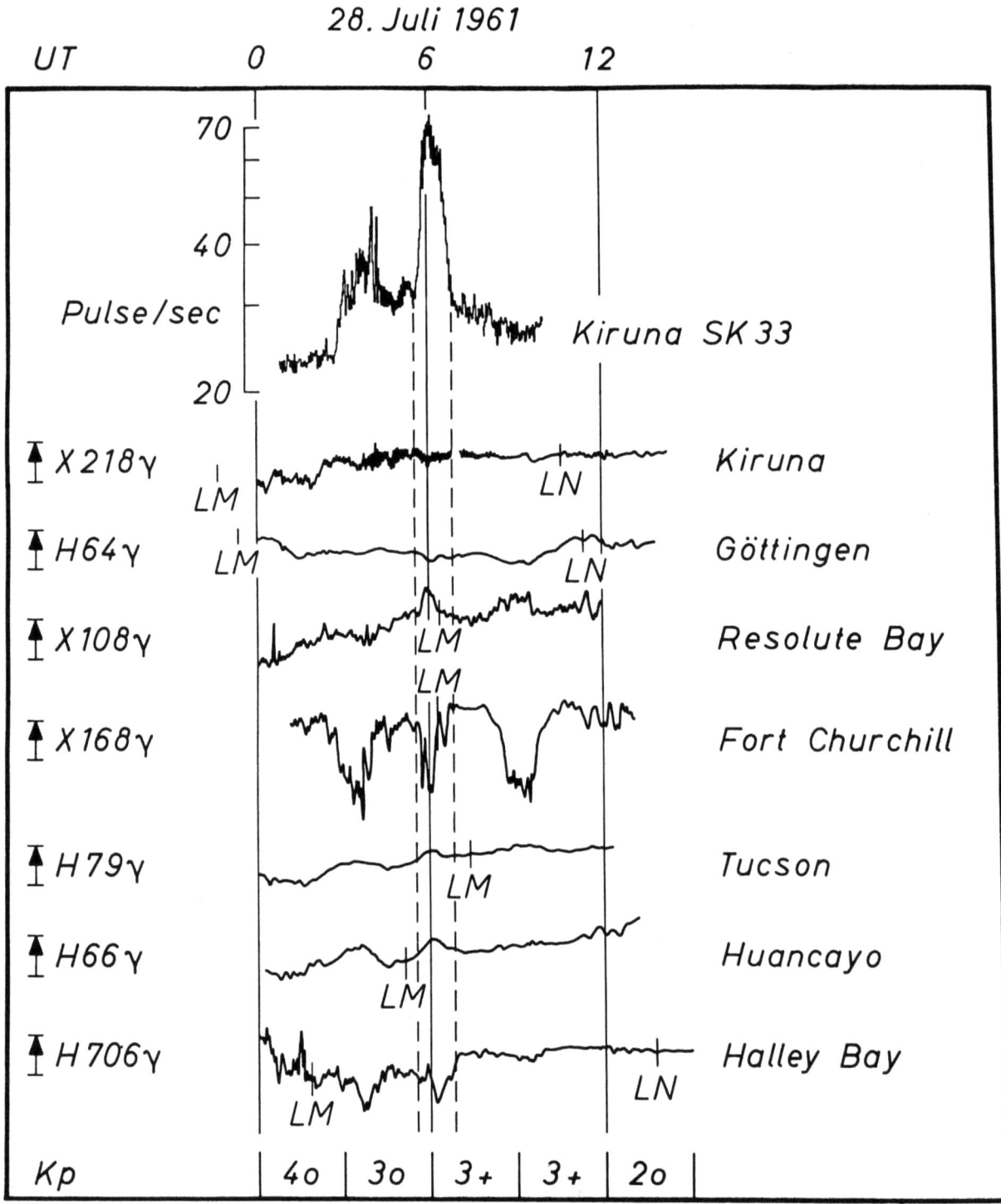

Abb. 23: Ausschnitt aus einem Aufstieg über Kiruna vom 28. 7. 1961, dazu Horizontalkomponente H bzw. Nordkomponente X von Kiruna, Göttingen und einigen Stationen, die zur Zeit der Ausbrüche nach Lokalzeit etwa Mitternacht haben. Die Pfeile links geben die positive Richtung an, die Zahl daneben die der Pfeillänge entsprechende Amplitude. LM = Mitternacht nach Lokalzeit, LN = Mittag nach Lokalzeit.

5. Ergebnisse der Untersuchungen des Zusammenhanges zwischen Röntgenstrahlungs-Ausbrüchen und Magnetfeldstörungen

5.1 Zusammenfassung der Beobachtungstatsachen und Aufstellung eines schematischen Bildes der Zusammenhänge

In den beiden vorangehenden Kapiteln wurden die Strahlungs-Meßergebnisse von neun Ballonaufstiegen in der nördlichen Polarlichtzone hinsichtlich ihres Zusammenhanges mit Magnetfeldstörungen untersucht. Es konnte bei etwa 20 während dieser Aufstiege registrierten Röntgenstrahlungs-Ausbrüchen gezeigt werden, daß sie mit bayartigen erdmagnetischen Störungen assoziiert waren. In einigen Fällen zeigte sich sogar eine Parallelität zwischen Zählratenverlauf und Magnetometerkurve, unter Umständen an weit auseinander liegenden Stationen.

Bei den größeren, eine Stunde und länger andauernden Ausbrüchen (mindestens acht) konnten die begleitenden Störungen auf den Magnetogrammen einer großen Zahl von Stationen nachgewiesen werden. Die Störungsausschläge ließen sich dann ohne Schwierigkeiten auf das Stromsystem von SILSBEE und VESTINE (Abb. 1) zurückführen. Die Stationen, an denen kein Anzeichen einer begleitenden Störung festzustellen war, lagen dort, wo man die neutralen Zonen dieses Stromsystemes erwarten mußte.

Während der kleineren Ausbrüche konnten Magnetfeldstörungen nur an den Stationen beobachtet werden, an denen zur Zeit des Ausbruches nach Ortszeit recht genau Mitternacht war. Die Ursache dafür liegt sicher darin, daß das Stromsystem, das die Magnetfeldstörungen hervorruft, während der kleineren Ausbrüche schwächer und räumlich beschränkter ist als während der größeren, so daß Magnetfeldstörungen nur in unmittelbarer Nähe des Strommaximums registriert werden können. Nur bei sehr schwachen Ausbrüchen ist es nicht immer einwandfrei möglich, begleitende bayartige erdmagnetische Störungen aufzufinden. Die Umkehrung dieses Zusammenhanges ließ sich aber nicht für alle Ereignisse herleiten. Zwar sind während der Aufstiege in Kiruna, also an einer festen Station in der Polarlichtzone, häufig zur Zeit bayartiger Störungen auch Röntgenstrahlungs-Ausbrüche aufgetreten. Sie fehlen jedoch manchmal selbst dann, wenn die entsprechende bayartige Störung auch dort deutlich registriert wurde. In einigen dieser Fälle wurde dann in College oder Ft. Churchill ein Strahlungsausbruch beobachtet, aber nicht immer.

Wenn man andererseits berücksichtigt, daß das Einzugsgebiet der Ballone nur einen sehr kleinen Teil der Polarlichtzone ausmacht, die magnetischen Störungen aber von vielen, weit mehr als die Hälfte der Polarlichtzone umfassenden Stationen registriert werden können, so ist doch die Häufigkeit, mit der während der Ballonaufstiege in Kiruna dort gleichzeitig mit bayartigen erdmagnetischen Störungen Röntgenstrahlungs-Ausbrüche registriert wurden, auffallend groß. Am 22. Juni 1961 (Abb. 3) sind z. B. in Kiruna etwa sieben Ausbrüche aufgetreten, und nur während einer bayartigen Störung wurde dort kein Röntgenstrahlungs-Ausbruch gemessen.

Obwohl also in allen untersuchten Fällen die Röntgenstrahlungs-Ausbrüche von bayartigen Störungen begleitet waren, läßt sich über den genauen zeitlichen Zusammenhang zwischen den beiden Ereignissen noch nichts Endgültiges aussagen. Man findet jedoch immer wieder Andeutungen eines zeitlichen Ablaufes, wie er während des Ausbruches gegen 18 UT in College (Abb. 3) zu erkennen ist. Dort beginnt der Vorläufer des Ausbruches (gestrichelte Linie) gleichzeitig mit der Magnetfeldstörung in mittleren Breiten, während die steile Anstiegsflanke recht genau mit einer schnellen Abnahme von H in hohen Breiten zusammenfällt. Kurz danach wird in mittleren Breiten das Maximum der Magnetfeldstörung erreicht. Der Ausbruch endet nur selten gleichzeitig mit der magnetischen Störung. Das war auch nicht zu erwarten. Denn Röntgenstrahlung kann zwar nur so lange erzeugt werden, wie energiereiche Elektronen einfallen, Ströme fließen aber so lange, bis die Leitfähigkeit durch Rekombinations- oder Diffusionsvorgänge beseitigt ist, oder bis die elektrischen Felder abgebaut sind.

Besonders schwierig ist die Angabe eines zeitlichen Zusammenhanges, wenn die Störung nicht an allen Stationen gleichzeitig auftritt. Doch hat sich gezeigt, daß auch dann die steile Anfangsflanke des Sockels im Zählratenverlauf niemals vor der bayartigen Magnetfeldstörung auf der Nachtseite einsetzt. Ebenso ist aber auch kein Fall beobachtet worden, in dem der Röntgenstrahlungs-Ausbruch erst in der Erholungsphase, also merklich nach dem Maximum der begleitenden Magnetfeldstörung, begonnen hätte. Die untersuchten Ausbrüche haben entweder in der Entstehungsphase der bayartigen erdmagnetischen Störung begonnen, oder in deren Maximum.

Auf der Grundlage der soeben zusammengefaßten Beobachtungen wurde der in Abb. 24 dargestellte schematische Zusammenhang zwischen Röntgenstrahlungs-Ausbrüchen und bayartigen erdmagnetischen Störungen aufgestellt. Im oberen Teil dieser Abbildung ist der Zählratenverlauf des Einzelzählrohres,

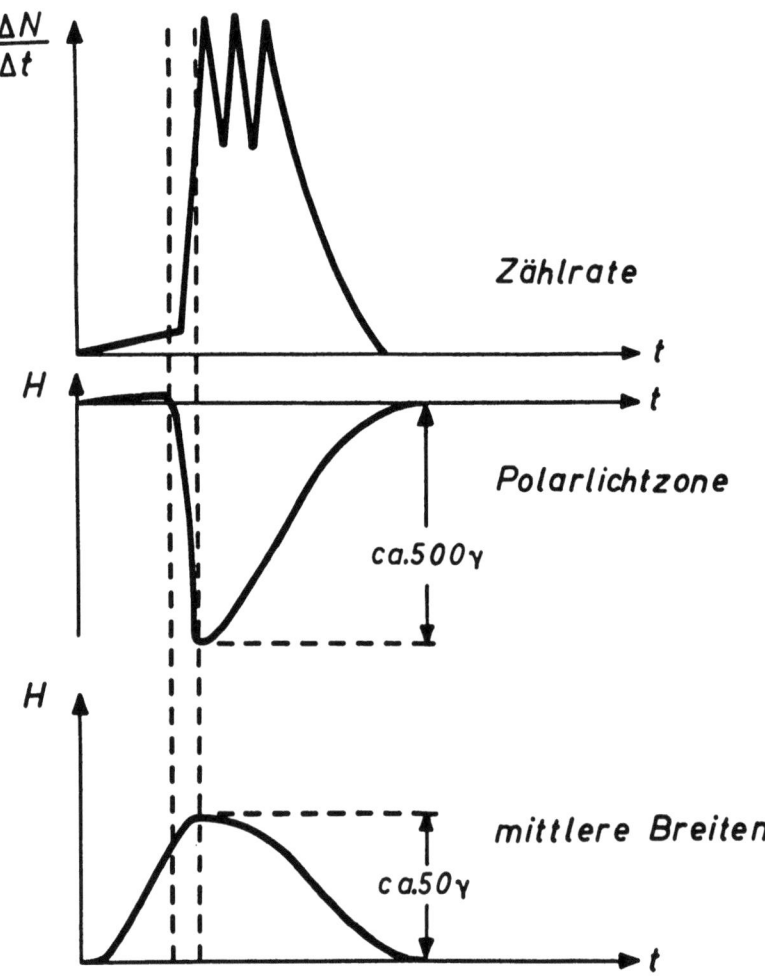

Abb. 24: Schematische Darstellung des Zusammenhanges zwischen Röntgenstrahlungs-Ausbrüchen und bayartigen erdmagnetischen Störungen.

wie er angenähert z. B. bei mehreren Ausbrüchen am 22. Juni 1961 (Abb. 3) aufgetreten ist, vereinfacht dargestellt. Darunter sind die Magnetfeldstörungen gezeichnet, wie man sie in der Nähe des nachtseitigen Strommaximums in den H-Registrierungen beobachtet: Negative Störungsausschläge von etwa 500 γ in der Polarlichtzone (oberer Teil) und positive Ausschläge von etwa 50 γ in mittleren Breiten (unterer Teil). Bei den Röntgenstrahlungs-Ausbrüchen beginnt die steile Anstiegsphase des Sockels oft in der abrupten Entstehungsphase der begleitenden magnetischen Störung oder kurz danach. Der Vorläufer setzt in einigen Fällen gleichzeitig mit der Magnetfeldstörung in mittleren Breiten ein. Das Ende des Ausbruches fällt nicht in eine so ausgeprägte Störungsphase.

Die hier schematisch dargestellten Magnetfeldstörungen brauchen nicht auf dem gleichen Meridian registriert zu sein, auf dem auch der Ausbruch stattgefunden hat. Man kann sie aber immer dort beobachten, wo zur Zeit des Ausbruches nach Ortszeit Mitternacht ist. Der Mitternachtsmeridian kann mit dem Meridian des Ballonortes jeden beliebigen Winkel einschließen. Dieser ist für einen festen Ballonort im wesentlichen von der Weltzeit des Ausbruchbeginns abhängig.

5.2 Folgerungen aus den Beobachtungen

Der in der Einleitung beschriebene Wechsel im Zusammenhang zwischen Röntgenstrahlungs-Ausbrüchen und lokal registrierten bayähnlichen Störungen läßt sich sofort aus den Beobachtungen erklären. Denn diese haben gezeigt, daß die Röntgenstrahlungs-Ausbrüche stets von den weltweiten bayartigen Störungen begleitet werden, deren Störungsfeld sich etwa durch das von SILSBEE und VESTINE [35] aufgestellte Stromsystem (Abb. 1) beschreiben läßt. Wenn daher während des Ausbruches einer der beiden Polarlichtzonen-Ströme über dem Ballonort fließt, kann dort auch eine Magnetfeldstörung registriert werden. Wenn dagegen dann gerade eine neutrale Zone darüber liegt, ist das nicht möglich. Da die neutralen Zonen im allgemeinen kleiner sind als die Gebiete, in denen Ströme fließen, konnte daher zwar oft während eines Röntgenstrahlungs-Ausbruches am gleichen Ort eine bayähnliche Störung registriert werden, aber nicht immer. Entscheidend ist, daß in den bisherigen Arbeiten der weltweite Charakter der begleitenden magnetischen Störung nicht berücksichtigt wurde.

Neben dieser verhältnismäßig einfachen Lösung des Ausgangsproblemes sind aus den Beobachtungen noch einige weitere Folgerungen zu ziehen. Leider liegen noch keine endgültigen Untersuchungen darüber vor, ob der Elektroneneinfall, der die Röntgenstrahlungs-Ausbrüche erzeugt, ebenso großräumig ist wie die begleitende Magnetfeldstörung, oder ob er im Gegensatz dazu auf kleinere Gebiete beschränkt, also lokal ist. In der Literatur war nur ein Beispiel zu finden, in dem an weit auseinander liegenden Stationen gleichzeitig ähnliche Röntgenstrahlungs-Ausbrüche beobachtet wurden [5]. Allerdings liegen diese Stationen (College/Alaska und Macquarie-Island) hinsichtlich des Magnetfeldes an nahezu konjugierten Punkten. Nur während plötzlicher Sturmanfänge (s. s. c.) wurde bisher ein großräumiger Elektroneneinfall festgestellt [22, 29]. Aus der geringen Anzahl simultaner oder sich wenigstens überlappender Aufstiege in der Polarlichtzone ließ sich eine Großräumigkeit nicht erkennen. (Zwei Beispiele finden sich in den Abb. 3 und 20/21.) Heute wird angenommen, daß der Elektroneneinfall lokal ist.

Obwohl auch aus den vorliegenden Beobachtungen die Größe des Gebietes, in das Elektronen einfallen, nicht ermittelt werden kann, so ist doch die Häufigkeit, mit der während eines Aufstieges gleichzeitig mit bayartigen Störungen und unabhängig von der Lage des Strommaximums Röntgenstrahlungs-Ausbrüche an einem festen Ort registriert wurden, ein Anzeichen dafür, daß das Einfallgebiet wesentlich größer sein muß als der Einzugsbereich der Ballonsonde (einige 100 km^2). Verschiedenheiten in den Strahlungs-Registrierungen nahe beieinander liegender Ballonorte müßten dann auf eine Struktur innerhalb der einfallenden Elektronenwolke zurückgeführt werden. Zur endgültigen Klärung dieser Frage ist es jedoch unbedingt nötig, simultane Aufstiege in einem möglichst großen Teil der Polarlichtzone durchzuführen.

BROWN et al. [7, 12] haben an Hand verschiedener Fälle, in denen zur Zeit der Ausbrüche bayähnliche Störungen in der Nähe des Ballonortes registriert wurden, geschlossen, daß Röntgenstrahlungs-Ausbrüche stets dann auftreten, wenn der Polarlichtzonen-Strom über der Station fließt. Sie haben sogar versucht, eine Abhängigkeit zwischen der Lage dieses Stromes und der Stärke der Ausbrüche herzustellen. Unsere Untersuchungen sprechen gegen einen solchen kausalen Zusammenhang. Schon die eine Tatsache, daß Röntgenstrahlungs-Ausbrüche auch in den neutralen Zonen auftreten, wäre dafür beweiskräftig genug, denn in diesen Zonen fließt über dem Ballon überhaupt kein Strom.

Eine zweite Tatsache, die dagegen spricht, sind die Verhältnisse beim Ausbruch vom 22. Juni 1961 18 UT in College (Abb. 17, S. 34). Hier hat sich ein Ausbruch nicht nur zu einer Zeit ereignet, in der über der Station kein Strom geflossen ist, sondern gleichzeitig der Zählratenverlauf den Magnetfeld-Registrierungen an den Polarlichtzonen-Stationen der Kiruna-Gruppe, also in der Nähe des nachtseitigen Störungsmaximums, sehr ähnlich war. Man ist daher eher versucht, eine Beziehung zwischen den Ausbrüchen und dem Strom in diesem Störungsmaximum herzustellen. Doch ist das natürlich mit diesem einzelnen Beispiel nicht möglich. Es kann jedoch ausgeschlossen werden, daß lokale direkte Beziehungen zwischen den Strahlungsausbrüchen und den Polarlichtzonen-Strömen bestehen. Dagegen ist es möglich, daß großräumige Beziehungen vorhanden sind. Jedenfalls können die zur Erzeugung der energiereichen Elektronen erforderlichen Beschleunigungs-Mechanismen nicht in den Polarlichtzonen-Strömen selbst gesucht werden; denn es ist nicht sehr wahrscheinlich, daß Elektronen vom Polarlichtzonen-Strom auf der Nachtseite beschleunigt werden und erst in den neutralen Zonen ausfallen, zumal die Ströme etwa in den Höhen fließen, in denen die Röntgen-Bremsstrahlung erzeugt wird.

Die hier festgestellten großräumigen Zusammenhänge und die so auffallenden lokalen Unterschiede zwischen diesen beiden Phänomenen lassen vermuten, daß sie beide nur indirekt über eine gemeinsame Ursache miteinander in Beziehung stehen, daß sie aber sonst weitgehend voneinander unabhängig sind. Der Initialprozeß ist sehr wahrscheinlich mit dem gesuchten Beschleunigungs-Mechanismus identisch. Man kann annehmen, daß die Strahlungsausbrüche nur den besonders energiereichen Elektronen zuzuschreiben sind, die in diesem Mechanismus beschleunigt werden, während die energieärmeren vermutlich an der Entstehung der Polarlichtzonen-Ströme und vielleicht auch anderer Störungserscheinungen in der Polarlichtzone beteiligt sind.

Leider reicht das Beobachtungsmaterial noch nicht aus, um die Beschleunigungs-Mechanismen selbst genauer zu beschreiben. Wir mußten uns daher auf den Nachweis beschränken, daß sie mit dem ebenfalls noch nicht endgültig gelösten Problem der Entstehung der bayartigen erdmagnetischen Störungen zusammenhängen.

6. Beziehungen zu anderen geophysikalischen Ereignissen in der Polarlichtzone

6.1 Polarlicht

Von den anderen Störungserscheinungen in der Polarlichtzone ist naturgemäß das Polarlicht die bekannteste. HEPPNER [20] hat die Beziehungen zwischen Polarlichtformen und bayartigen erdmagnetischen Störungen an Hand von Polarlicht-Aufnahmen ("all-sky-camera") und Magnetfeld-Registrierungen von College/Alaska eingehend untersucht. Seine Ergebnisse sollen hier kurz zusammengefaßt werden.

Die Polarlicht-Ereignisse laufen nach bestimmten Gesetzmäßigkeiten ab. Man kann grob drei Phasen unterscheiden (Abb. 25). In der ersten Phase, die einige Stunden dauern kann, treten hauptsächlich ho-

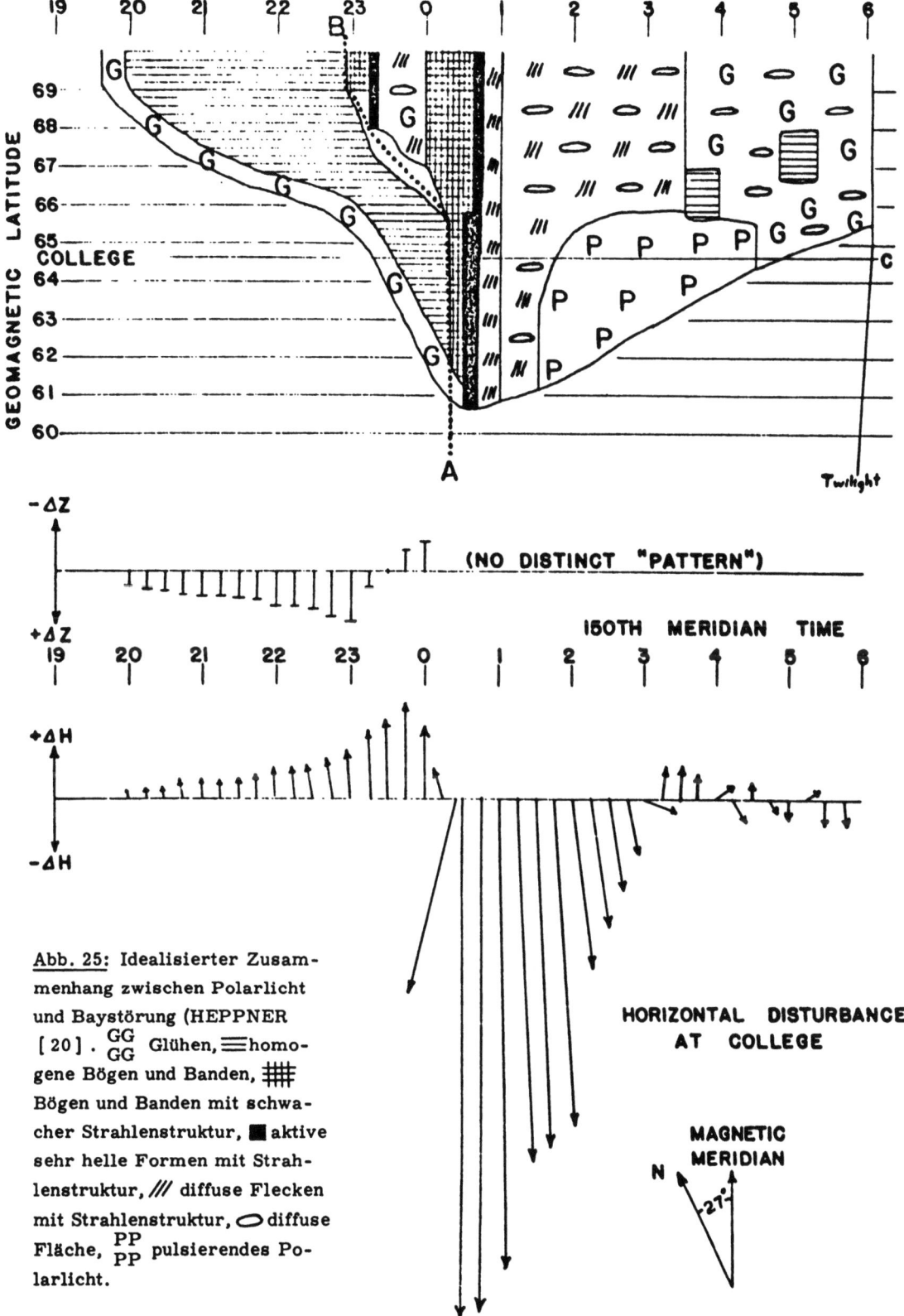

Abb. 25: Idealisierter Zusammenhang zwischen Polarlicht und Baystörung (HEPPNER [20]). $\frac{GG}{GG}$ Glühen, ≡ homogene Bögen und Banden, ⊞ Bögen und Banden mit schwacher Strahlenstruktur, ■ aktive sehr helle Formen mit Strahlenstruktur, /// diffuse Flecken mit Strahlenstruktur, ⌀ diffuse Fläche, $\frac{PP}{PP}$ pulsierendes Polarlicht.

6.1

mogene Bögen und Banden auf, manchmal mit schwacher Strahlenstruktur. Sie breiten sich nach Süden aus und werden an ihrem südlichen Rand von Glühen begleitet. In der zweiten Phase erscheinen Formen mit starker Strahlenstruktur, die in dem sogenannten "break-up" plötzlich hell aufleuchten. Diese Phase dauert etwa eine Stunde, manchmal auch wesentlich kürzere Zeit. Das "break-up" selbst wird nur 2 bis 15 Minuten lang beobachtet. Es ereignet sich nach Ortszeit gegen Mitternacht. Während der dritten Phase zieht sich das Polarlicht dann wieder nach Norden zurück. Es treten diffuse Formen auf, am südlichen Rande teilweise auch pulsierende. Diese Phase zieht sich oft bis zur Dämmerung hin.

Der Polarlichtablauf ist von einer bayartigen erdmagnetischen Störung begleitet. Dabei wird in der ersten Phase in der Horizontalkomponente H eine kleine Störung ΔH von etwa 50γ bis 100γ beobachtet. In der zweiten Phase wird ΔH genau zur Zeit des "break-up" negativ und erreicht sehr schnell Werte von -400γ bis -500γ. In der dritten Phase geht H dann langsam wieder auf seinen alten Wert zurück. Das Polarlicht dauert meistens länger als die bayartige Störung.

Das Vorzeichen und der Betrag von H lassen darauf schließen, daß zunächst ein schwacher Strom von Westen und Osten fließt, der zur Zeit des "break-up" in einen sehr starken, nach Westen fließenden, übergeht.

Ergänzt werden die Analysen von HEPPNER durch eine Arbeit von DAVIS [16], der in Alaska mit mehreren gleichzeitig arbeitenden "all-sky cameras" die räumliche Anordnung der Polarlichtformen untersucht hat. Seine Ergebnisse zeigen, daß die einzelnen Bögen und Banden in der ersten vorhin erwähnten Phase lange Ketten parallel zur Polarlichtzone bilden. Zeitweilig ordnen sie sich in der Form eines Hufeisens an, das nach Westen geöffnet ist, und dessen Achse parallel zur Polarlichtzone liegt. Diese Ordnung wird während des "break-up" innerhalb kurzer Zeit völlig zerstört. Das Durcheinander wächst mit der Stärke des "break-up". Es kann sogar soweit kommen, daß man keine einzelnen Formen mehr erkennen kann. Erst längere Zeit nach dem "break-up" ordnen sich die Polarlichtformen wieder in Bögen an, manchmal auch wieder in der Form eines Hufeisens, das dann aber nach Osten geöffnet ist.

Der Ablauf der Polarlicht-Ereignisse ist hier stark vereinfacht dargestellt. Manchmal mag es schwierig sein, die Vielfalt der Formen in das obige Schema zu zwingen. Wichtig ist aber vor allem die Erscheinung des "break-up", die bei größeren Ereignissen jedesmal auftritt. Denn es erfolgt stets gleichzeitig mit einer schnellen, starken Abnahme von H, und die Beobachtungen über den Zusammenhang zwischen Röntgenstrahlungs-Ereignissen und bayartigen erdmagnetischen Störungen haben ergeben, daß die Ausbrüche ebenfalls in oder gegen Ende dieser Störungsphase beginnen. Das würde bedeuten, daß die Polarlicht bzw. Röntgenstrahlung erzeugenden Partikel gleichzeitig einfallen, wenn auch u. U. an verschiedenen Stellen in der Polarlichtzone. Über solche Zusammenhänge hat WINCKLER [42] berichtet. Er beobachtete zweimal in Minneapolis - sogar außerhalb der eigentlichen Polarlichtzone - zur Zeit eines Röntgenstrahlungs-Ausbruches das plötzliche Aufleuchten eines Polarlichtes. In einem von diesen beiden Fällen hat nach AKASOFU [1] genau zur Zeit des Ausbruchbeginns ein "break-up" in Alaska stattgefunden.

Aus Kiruna liegen gleichzeitig mit den Ballonaufstiegen erfolgte Polarlicht-Beobachtungen leider nicht vor. Der größte Teil der Aufstiege wurde im Sommer durchgeführt, in einer Zeit, in der die Nächte dort sehr kurz sind. Während der beiden Aufstiege im Oktober sind die Röntgenstrahlungs-Ausbrüche am Tage aufgetreten.

6.2 Ionisationserscheinungen in der untersten Ionosphäre

Neben den Ereignissen, die auf Strahlungserzeugung zurückgehen, steht die Gruppe der Erscheinungen, die auf die Ionisation unterster Ionosphärenschichten zurückzuführen sind. Von diesen wurde die Absorption der galaktischen Radiostrahlung (cosmic noise absorption, CNA) meistens im Zusammenhang mit den Röntgenstrahlungs-Ausbrüchen beobachtet (z. B. [31, 32]). Diese Absorption (weiterhin CNA abgekürzt) wird mit dem Riometer (relative ionospheric opacity meter) [24] gemessen, einem Empfänger, der auf einer festen Frequenz zwischen 18 MHz und 60 MHz die Stärke der kosmischen Radiofrequenz-Strahlung registriert. In [31] und [32] finden sich viele Beispiele, in denen man erkennen kann, daß die lokal registrierten Riometerkurven in großen Zügen parallel zum Zählratenverlauf sind, jedenfalls wesentlich besser als die Magnetfeldstörungen und unabhängig davon, ob die bayartigen Störungen an diesem Ort registriert werden konnten oder nicht. Bei einer Riometerfrequenz von $f = 27,6$ MHz (Kiruna) wird die Absorption hauptsächlich von der Elektronendichte zwischen 50 km und 80 km Höhe bestimmt [31]. Elektronen, die bis zu einer Höhe von 80 km eindringen, müssen eine Mindestenergie von 100 keV haben, bis zu 60 km sogar 700 keV [36]. Daher deutet auch die CNA darauf hin, daß während der Röntgenstrahlungs-Ausbrüche eine große Zahl energiereicher Elektronen einfallen. Es ist allerdings möglich, daß die Ionisation in diesen Höhen teilweise erst durch die einfallende Röntgenstrahlung selbst erzeugt wird. Dann wäre auch der beobachtete enge Zusammenhang zwischen Strahlungsausbrüchen und CNA leichter zu verstehen. Doch ist diese Frage noch nicht endgültig geklärt [36].

Bei der Untersuchung der räumlichen Ausdehnung der CNA hat sich herausgestellt, daß sie nur in eng begrenzten Gebieten nachweisbar ist. Sie ist also lokal. Es wurden Fälle beobachtet, in denen man die CNA an einer Station registrieren konnte und schon an einer 35 km davon entfernten nicht mehr [21]. Demgegenüber zeigten die Beobachtungen über den Zusammenhang zwischen Röntgenstrahlungs-Ereignissen und bayartigen erdmagnetischen Störungen, daß das Einfallgebiet der primären Elektronen nicht sehr klein sein kann, so daß die Beobachtungsergebnisse in dieser Frage keine befriedigende Übereinstimmung zeigen.

Neben dieser indirekten Methode wurden aber auch direkte Echolotungen durchgeführt [17, 36]. STOFFREGEN et al. [36] haben die Höhe der ionosphärischen D-Schicht in Abhängigkeit von der Intensität des Polarlichtes untersucht. Die Reflexionshöhe sinkt während des "break-up" unter den charakteristischen Wert von 80 km. Sie bleibt manchmal bis über das Ende des Polarlichtablaufes darunter. Die Autoren haben weiterhin aus dem Verhalten des Polarlichtes während des "break-up" darauf geschlossen, daß sowohl der Fluß der ionisierenden Teilchen - hauptsächlich Elektronen, - wie auch deren Energie plötzlich wesentlich zunehmen. Die Reflexionen an der D-Schicht wiesen ebenfalls darauf hin, daß Änderungen im hochenergetischen Teil des Energiespektrums aufgetreten sein mußten.

Man findet also auch bei diesen Ionisationserscheinungen Vorgänge, die auf den Einfall energiereicher Elektronen zurückzuführen sind. Dabei sind hier die Zusammenhänge mit der einfallenden Röntgenstrahlung wahrscheinlich enger als z. B. beim Polarlicht, weil die Ionisation, wenigstens zu einem Teil, von ihr selbst verursacht wird.

Man gewinnt aus den soeben kurz beschriebenen Untersuchungsergebnissen dieser geophysikalischen Ereignisse den Eindruck, daß sie alle: Röntgenstrahlungs-Ausbrüche, bayartige erdmagnetische Störungen, Polarlicht (insbesondere die "break-up"-Phase), Absorption des kosmischen Rauschens und D-Schichtreflexionen aus Höhen unterhalb 80 km Teilphänomene eines größeren Störungskomplexes sind. Denn sie werden alle von dem verstärkten Partikeleinfall während der "break-up"-Phase des Polarlichtes verursacht oder von den Folgeprodukten dieser Partikel. Aber es ist noch nicht möglich, ihren gemeinsamen Entstehungsvorgang oder Beziehungen zwischen den einzelnen Ereignissen zu beschreiben.

Es muß darauf hingewiesen werden, daß trotz der deutlichen zeitlichen Zusammenhänge räumliche Unterschiede bestehen. Denn die Röntgenstrahlungs-Ausbrüche und die mit ihr verbundenen CNA-Ereignisse werden nicht nur in den Gebieten registriert, wo "break-up" und maximale magnetische Störung auftreten, sondern auch dort, wo diese Ereignisse kaum oder gar nicht zu beobachten sind [4, 6]. Diese Abweichungen können aus dem vorhandenen Beobachtungsmaterial noch nicht erklärt werden.

7. Zusammenfassung und Schluß

In der vorliegenden Arbeit wurden die Strahlungs-Registrierungen von neun Ballonaufstiegen in der Polarlichtzone hinsichtlich ihres Zusammenhanges mit Magnetfeld-Variationen untersucht. Während dieser Aufstiege haben sich etwa 20 Röntgenstrahlungs-Ausbrüche ereignet.

Folgende Zusammenhänge wurden festgestellt:

1. Alle Röntgenstrahlungs-Ausbrüche traten gleichzeitig mit bayartigen erdmagnetischen Störungen auf. Diese konnten in den Registrierungen einer großen Zahl von Stationen nachgewiesen werden. Sie stimmten in allen wesentlichen Kennzeichen mit bayartigen erdmagnetischen Störungen überein, zu deren Beschreibung SILSBEE und VESTINE [35] ein erzeugendes Stromsystem (Abb. 1, S. 7) angegeben haben. Die Stationen, an denen kein Anzeichen einer begleitenden Störung festzustellen war, lagen dort, wo man die neutralen Zonen dieses Stromsystemes erwarten mußte.

2. Auch wenn sich Röntgenstrahlungs-Ausbrüche zu Zeiten ereigneten, in denen sich diese neutralen Zonen über dem Ballonort befanden, so ließen sich die begleitenden, magnetischen Störungen immer wenigstens in den jeweiligen nachtseitigen Störungsmaxima (Abb. 1) nachweisen, also an Stationen, an denen zur Zeit des Ausbruches nach Ortszeit etwa Mitternacht war.

3. Während der Aufstiege traten nur sehr wenige bayartige erdmagnetische Störungen auf, ohne daß gleichzeitig ein Strahlungsausbruch registriert wurde.

4. Die Ausbrüche setzten in der Entstehungsphase der magnetischen Störung auf der Nachtseite oder in deren Maximum ein. Es ist kein Fall beobachtet worden, in dem ein Ausbruch erst in der Erholungsphase der begleitenden Magnetfeldstörung begonnen hätte.

Auf der Grundlage dieser Beobachtungen wurde ein schematisches Bild der Zusammenhänge zwischen Röntgenstrahlungs-Ausbrüchen und bayartigen erdmagnetischen Störungen aufgestellt (Abb. 24, S. 46).

Aus der Systematik der Einzelfälle wurden verallgemeinernd folgende Schlüsse gezogen:

1. Der lokal beobachtete Wechsel im Zusammenhang zwischen Strahlungsausbrüchen und bayartigen Störungen ist darauf zurückzuführen, daß die begleitende magnetische Störung am Ballonstartplatz nur dann registriert werden kann, wenn einer der beiden Polarlichtzonen-Ströme über der Station fließt. Liegen jedoch die neutralen Zonen darüber, so kann keine Störung registriert werden.

2. Die Häufigkeit, mit der während eines Aufstieges gleichzeitig mit bayartigen Störungen Röntgenstrahlungs-Ausbrüche an einem festen Ort in der Polarlichtzone (Kiruna) registriert wurden, deutet darauf hin, daß das Einfallsgebiet der primären Elektronen nicht sehr klein sein kann. Genauere Angaben über die tatsächliche Größe dieses Gebietes können jedoch auf Grund des vorliegenden Beobachtungsmaterials nicht gemacht werden.

3. Die Beobachtungsergebnisse widersprechen der Auffassung von BROWN et al. [7, 12], daß ein kausaler Zusammenhang zwischen Röntgenstrahlungs-Ausbrüchen und dem lokalen Polarlichtzonen-Strom besteht, denn es wurden auch Ausbrüche in den neutralen Zonen registriert, über denen praktisch kein Strom fließt.

4. Es wird angenommen, daß die Röntgenstrahlungs-Ausbrüche und die bayartigen erdmagnetischen Störungen nur über einen gemeinsamen Entstehungsvorgang, also indirekt miteinander in Beziehung stehen, daß sie aber sonst weitgehend voneinander unabhängig sind.

7.0

Vergleiche mit Untersuchungen des Polarlichtes und der Ionisation tiefster Ionosphärenschichten deuten die Möglichkeit an, daß diese Ereignisse zusammen mit den Röntgenstrahlungs-Ausbrüchen und den bayartigen erdmagnetischen Störungen zu einem großen Störungskomplex gehören, und daß sie alle über den plötzlichen intensiven Einfall sehr energiereicher Partikel in der Polarlichtzone zusammenhängen.

Obwohl in dieser Arbeit festgestellt werden konnte, daß die Röntgenstrahlungs-Ausbrüche stets gleichzeitig mit bayartigen erdmagnetischen Störungen auftreten, reichten die Meßergebnisse, die zur Verfügung standen, doch nicht aus, um alle Einzelheiten dieses Zusammenhanges zu untersuchen. Es ist daher auch nicht möglich gewesen, die zur Erzeugung der Röntgenstrahlung benötigten Beschleunigungs-Mechanismen zu erklären. Dieses Problem konnte nur mit der ebenfalls noch nicht endgültig gelösten Frage nach der Entstehung der bayartigen Störung in Beziehung gebracht werden.

Für weitere eingehendere Untersuchungen sind vor allem simultane Aufstiege in einem möglichst großen Teil der Polarlichtzone nötig.

Die vorliegende Dissertation wurde am Institut für Stratosphärenphysik des Max-Planck-Institutes für Aeronomie angefertigt. Dem Direktor dieses Institutes, Herrn Professor Dr. J. BARTELS danke ich für die Arbeitsmöglichkeit und sein Interesse am Fortgang der Untersuchungen. Herrn Professor Dr. A. EHMERT und Herrn Dr. G. PFOTZER danke ich für Anregungen und zahlreiche fördernde Diskussionen.

Die Arbeit wäre nicht möglich gewesen ohne die Strahlungsmeßergebnisse der Ballonaufstiege, die unter Leitung von Herrn Dipl.-Phys. E. KEPPLER durchgeführt wurden. Ihm danke ich ebenso wie Herrn Professor Dr. J. WINCKLER, University of Minnesota, und Herrn Professor Dr. R. R. BROWN, University of California, die dem Institut freundlicherweise Kopien von Strahlungs-Registrierungen zugesandt haben. Desgleichen danke ich den Direktoren der magnetischen Observatorien und anderen Institutionen, die die benötigten Magnetogrammkopien zur Verfügung stellten.

Verzeichnis der magnetischen Registrierstationen

| | geographische | | geomagnetische | |
Station	Breite φ	Länge λ	Breite Φ	Länge Λ
Addis Abeba	9° N	38° E	5° N	109°
Agincourt	44° N	79° W	55° N	347°
Apia	14° S	172° W	16° S	260°
Aso	33° N	131° E	22° N	198°
Baker Lake	64° N	96° W	74° N	315°
College	65° N	142° W	65° N	257°
Easter Island	27° S	109° W	18° S	334°
Ft. Churchill	59° N	94° W	69° N	323°
Gnangara	30° S	116° E	42° S	186°
Godhavn	69° N	54° W	80° N	33°
Göttingen	52° N	10° E	52° N	94°
Guam	13° N	145° E	4° N	213°
Halley Bay	76° S	27° W	66° S	24°
Helwan	30° N	31° E	27° N	107°
Hermanus	34° S	19° E	34° S	82°
Hollandia	2° S	140° E	12° S	211°
Honolulu	21° N	158° W	21° N	266°
Huancayo	12° S	76° W	1° S	354°
Julianneháb	61° N	46° W	71° N	36°
Kakioka	36° N	140° E	26° N	206°
Kerguelen	49° S	70° E	57° S	128°
Kodaikanal	10° N	77° E	1° N	147°
Kiruna	68° N	20° E	65° N	116°
Leirvogur	64° N	22° W	70° N	71°
Macquarie-Island	55° S	159° E	61° S	243°
Marie Byrd	80° S	120° W	72° S	337°
Mawson	68° S	63° E	73° S	103°
Meanook	55° N	113° W	62° N	301°
Memambetsu	44° N	144° E	34° N	208°
Paramaribo	6° N	56° W	17° N	14°
Resolute Bay	75° N	95° W	83° N	289°

Station	geographische Breite φ	geographische Länge λ	geomagnetische Breite Φ	geomagnetische Länge Λ
San Miguel	38° N	26° W	46° N	51°
Sitka	57° N	135° W	60° N	275°
Tananarive	19° S	48° E	24° S	112°
Tenerife	28° N	16° W	30° N	59°
Thule	77° N	69° W	89° N	359°
Toolangi	38° S	145° E	47° S	221°
Tucson	32° N	111° W	40° N	312°
Victoria	49° N	123° W	54° N	293°
Wilkes	66° S	110° E	78° S	179°

Zusammenstellung der benutzten Abkürzungen

Komponenten des Magnetfeldes

H	Horizontalkomponente	(positiv in magnetischer Nordrichtung)
D	Deklination	(von Nord über Ost)
Z	Vertikalkomponente	(positiv nach unten)
X	Nordkomponente	(positiv in geographischer Nordrichtung)
Y	Ostkomponente	(positiv in geographischer Ostrichtung)

$1\gamma = 10^{-5}$ Gauß

ssc	plötzlicher Sturmanfang	(storm sudden commencement)
UT	Weltzeit	(universal time)
LT	Ortszeit	(local time)
LM	Mitternacht nach Ortszeit	(local midnight)
LN	Mittag nach Ortszeit	(local noon)
Kp	Planetarische erdmagnetische Kennziffer (siehe BARTELS, J., I. G. Y. Annals Vol. 4, p. 227 - 236, London, Pergamon Press, 1957)	
φ	geographische Breite	
λ	geographische Länge	
Φ	geomagnetische Breite	
Λ	geomagnetische Länge	

Literaturverzeichnis

[1] AKASOFU, S.: The dynamical morphology of the aurora polaris.
J. Geophys. Res. 68, 1667 (1963)

[2] AKASOFU, S., CHAPMAN, S.:
The enhancement of the equatorial electrojet
during polar magnetic substorms
J. Geophys. Res. 68, 2375 (1963)

[3] ANDERSON, K. A.: Soft radiation events at high altitude during the magnetic
storm of August 29 - 30, 1957
Phys. Rev. 111, 1397 (1958)

[4] ANDERSON, K. A.: Balloon observations of x-rays in the auroral zone. I.
J. Geophys. Res. 65, 551 (1960)

[5] ANDERSON, K. A., ANGER, C. D., BROWN, R. R., EVANS, D. S.:
Simultanous electron precipitation in the northern
and southern auroral zones
J. Geophys. Res. 67, 4076 (1962)

[6] ANDERSON, K. A., ENEMARK, D. C.:
Balloon observations of x-rays in the auroral zone. II.
J. Geophys. Res. 65, 3521 (1960)

[7] BARCUS, J. R., BROWN, R. R.:
Electron precipitation accompanying ionospheric current
systems in the auroral zone
J. Geophys. Res. 67, 2673 (1962)

[8] BARTELS, J.: Erdmagnetische Tiefensondierungen
Geolog. Rundschau 46, 99 (1957)

[9] BARTELS, J.: Discussion of time-variations of geomagnetic activity,
indices Kp and Ap, 1932 - 1961
Ann. de Géophysique 19, 1 (1963)

[10] BROWN, R. R.: Balloon observations of auroral zone x-rays
J. Geophys. Res. 66, 1379 (1961)

[11] BROWN, R. R.: West-east motion of an auroral zone x-ray event
J. Geophys. Res. 67, 31 (1962)

[12] BROWN, R. R., CAMPBELL, W. H.:
An auroral-zone electron precipitation event and its
relationship to a magnetic bay
J. Geophys. Res. 67, 1357 (1962)

[13]   CAMPBELL, W. H., MATSUSHITA, S.:
Auroral zone micropulsations with periods of 5 to 30 seconds
J. Geophys. Res. 67, 555 (1962)

[14]   CHAPMAN, S., BARTELS, J.:
Geomagnetism, Oxford 1940 (reprinted 1951 and 1962)

[15]   DAVIS, L. R., BERG, O. E., MEREDITH, L. H.:
Direct measurements of particle fluxes in and near auroras
Space Research, 721 (1960)

[16]   DAVIS, T. N.: An investigation of the morphology of the auroral displays of 1957 - 1958
Scientific Rep. No. 1, Geophysical Institute of the University of Alaska (1961)

[17]   DIEMINGER, W., OKSMAN, J., ROSE, G.:
Ionospheric D-region phenomena associated with auroral disturbances at Sodankylä
J. Atmosph. Terr. Phys. 24, 823 (1962)

[18]   FLEISCHER, U.: Charakteristische erdmagnetische Baystörungen und ihr innerer Anteil
Z. f. Geophysik, 20, 120 (1954)

[19]   FUKUSHIMA, N.: Polar magnetic storms and geomagnetic bays
J. of the Fac. of Science, University of Tokyo,
Section II, Vol. VIII, Part. V (1953)

[20]   HEPPNER, J. P.: A study of the relationships between the aurora borealis and the geomagnetic disturbances caused by electric currents in the ionosphere
Rep. No. DR 135 Defence Research Board Canada (1958)

[21]   HULTQVIST, B.: Vorlesungen, COPERS-Sommerschule, Alpbach 1963

[22]   KEPPLER, E., EHMERT, A., PFOTZER, G., ORTNER, J.:
Sudden increase of radiation intensity with a geomagnetic storm sudden commencement
J. Geophys. Res. 67, 5343 (1962)

[23]   KREMSER, G.: Ergebnisse erdmagnetischer Tiefensondierung in der Umgebung von Göttingen
Z. f. Geophysik, 28, 1 (1962)

[24]   LITTLE, C. G., LEINBACH, H.:
The riometer, a device for the continuous measurements of ionospheric absorption
Proc. IRE, 47, 315 (1959)

[25] MCDONALD, F. B., ELLIS, J. A., GOTTLIEB, M. B.:
Rocket observations of soft radiation at northern latitudes
(Zusammenfassung)
Phys. Rev. 99, 609 (1955)

[26] MCILWAIN, C. E.: Measurements of protons and electrons in visible aurorae
Space Research, 715 (1960)

[27] MEREDITH, L. H., GOTTLIEB, M. B., VAN ALLEN, J. A.:
Direct measurement of soft radiation above 50 km in
the auroral zone
Phys. Rev. 97, 201 (1955)

[28] O'BRIEN, B. J.: Lifetimes of outer zone electrons and their precipitation
into the atmosphere
J. Geophys. Res. 67, 3687 (1962)

[29] ORTNER, J., BROWN, R. R., HARTZ, T. R., HOLT, O., HULTQVIST, B., LEINBACH, H.,
LITTLE, C. G.: Sudden cosmic noise absorption at the moment of geomagnetic
storm sudden commencements
Proc. Symp. on Earth Storms, Kyoto, Japan, September 1961

[30] PARKINSON, W. D.: Directions of rapid geomagnetic fluctuations
Geophys. Journ. 2, 1 (1959)

[31] PFOTZER, G., EHMERT, A., ERBE, H., KEPPLER, E., HULTQVIST, B., ORTNER, J.:
A contribution to the morphology of the x-ray bursts in the
auroral zone
J. Geophys. Res. 67, 575 (1962)

[32] PFOTZER, G., EHMERT, A., KEPPLER, E.:
Time pattern of ionizing radiation in balloon altitudes
in high latitudes
Mitteilungen aus dem Max-Planck-Institut für Aeronomie,
Nr. 9 (1962)

[33] RIKITAKE, T., YOKOYAMA, I., HISHIYAMA, Y.:
The anomalous behaviour of geomagnetic variations of short
period in Japan and its relations to the subterrannean structure
Bull. Earthq. Res. Inst. 30, 207 (1952), 31, 89, 101, 119 (1953),
33, 297 (1955), 36, 1 (1958), 37, 1, 545 (1959)

[34] SCHMUCKER, U.: Erdmagnetische Tiefensondierung in Deutschland 1957 - 1959:
Magnetogramme und erste Auswertung
Abhandl. Akad. Wiss. Göttingen. Math.-Phys. Klasse
Beitr. Internat. Geophys. Jahr, Heft 5 (1959)

[35] SILSBEE, H. C., VESTINE, E. H.:
Geomagnetic bays, their frequency and current-system
Terr. Magn. 47, 195 (1942)

[36] STOFFREGEN, W., DERBLOM, H., OMHOLT, A.:
Some characteristics of the D-region ionisation during auroral activity
J. Geophys. Res. 65, 1699 (1960)

[37] VAN ALLEN, J. A.: Direct detection of auroral radiation with rocket equipment
Proc. Nat. Acad. Sci. U. S. 43, 57 (1957)

[38] WINCKLER, J. R.: Prof. Dr. J. Winckler, Minnesota, USA, hat freundlicherweise Kopien von Aufstiegsergebnissen zur Verfügung gestellt.

[39] WINCKLER, J. R., PETERSON, L.:
Large auroral effect on cosmic-ray detectors at 8 g/cm^2 atmospheric depth
Phys. Rev. 108, 903 (1957)

[40] WINCKLER, J. R., PETERSON, L., ARNOLDY, R., HOFFMAN, R.:
X-rays from visible aurorae at Minneapolis
Phys. Rev. 110, 1221 (1958)

[41] WINCKLER, J. R., PETERSON, L., HOFFMAN, R., ARNOLDY, R.:
Auroral x-rays, cosmic-rays and related phenomena during the storm of February 10 - 11, 1958
J. Geophys. Res. 64, 597 (1959)

[42] WINCKLER, J. R.: Balloon study of high-altitude radiations during the International Geophysical Year
J. Geophys. Res. 65, 1331 (1960)

[43] WINCKLER, J. R., BHAVSAR, P. D., ANDERSON, K. A.:
A study of the precipitation of energetic electrons from the geomagnetic field during magnetic storms
J. Geophys. Res. 67, 3717 (1962)

Verzeichnis der Mitteilungen aus dem Max-Planck-Institut für Physik der Stratosphäre

Nr. 1/1953   Über den Beitrag der von μ - Mesonen angestoßenen Elektronen zu den Ultrastrahlungsschauern unter Blei. G. Pfotzer

Nr. 2/1954   Ein Zählrohrkoinzidenzgerät zur Registrierung der kosmischen Ultrastrahlung. A. Ehmert

Eine einfache Methode zur Einstellung und Fixierung des Expansionsverhältnisses von Nebelkammern. G. Pfotzer

Nr. 3/1954   Optische Interferenzen an dünnen, bei -190°C kondensierten Eisschichten. Erich Regener (vergriffen)

Nr. 4/1955   Über die Messung der Temperatur des atmosphärischen Ozons mit Hilfe der Hugins-Banden. H. Zschörner und H. K. Paetzold

Nr. 5/1956   Ein neuer Ausbruch solarer Ultrastrahlung am 23. Februar 1956. A. Ehmert und G. Pfotzer, vergriffen (erschienen Z. Naturforschung 11a, 322, 1956)

Nr. 6/1956   Das Abklingen der solaren Ultrastrahlung beim Ausbruch am 23. Februar 1956 und die geomagnetischen Einfallsbedingungen. A. Ehmert und G. Pfotzer

Nr. 7/1956   Die Impulsverteilung der solaren Ultrastrahlung in der Abklingphase des Strahlungseinbruches am 23. Februar 1956. G. Pfotzer

Nr. 8/1956   Die atmosphärischen Störungen und ihre Anwendung zur Untersuchung der unteren Ionosphäre. K. Revellio

Nr. 9/1956   Solare Ultrastrahlung als Sonde für das Magnetfeld der Erde in großer Entfernung. G. Pfotzer

*

Die vorstehenden Hefte können beim Max-Planck-Institut für Aeronomie, (20b) Lindau über Northeim (Hann.), angefordert werden.

Mitteilungen aus dem Max-Planck-Institut für Aeronomie

Nr. 1 (S) Waibel: Messungen von Primärteilchen der kosmischen Strahlung.

Nr. 2 (S) Erbe: Auswirkung der Variationen der primären kosmischen Strahlung auf die Mesonen- und Nukleonenkomponente am Erdboden.

Nr. 3 (I) Kohl: Bewegung der F-Schicht der Ionosphäre bei erdmagnetischen Bai-Störungen.

Nr. 4 (I) Becker: Tables of ordinary and extraordinary refractive indices, group refractive indices and $h'_{o,x}(f)$-curves or standard ionospheric layer models.

Nr. 5 (S) Schröpl: Über eine Neubestimmung des Absorptionskoeffizienten von Ozon im Ultraviolett bei kleinen Konzentrationen.

Nr. 6 (S) Erbe: Ergebnisse der Ballonaufstiege zur Messung der kosmischen Strahlung in Weissenau und Lindau.

Nr. 7 (S) Meyer: Elektromagnetische Induktion eines vertikalen magnetischen Dipols über einem leitenden homogenen Halbraum.

Nr. 8 (I u. S) Dieminger und Mitarb.: Die geophysikalischen Ereignisse des 12. - 14. November 1960.

Nr. 9 (S) Pfotzer, Ehmert, and Keppler: Time Pattern of Ionizing Radiation in Balloon Altitudes in High Latitudes. Part A, Text; Part B, Figures and Diagrams.

Nr. 10 (S) Waibel: Eine Ballonsonde zur Messung von Röntgenstrahlung und solarer Ultrastrahlung.

Nr. 11 (S) Voelker: Zur Breitenabhängigkeit erdmagnetischer Pulsationen.

Nr. 12 (S) Jaeschke: Registrierung von Pulsationen im südlichen Niedersachsen als Beitrag zur erdmagnetischen Tiefensondierung.

Nr. 13 (S) Meyer: Elektromagnetische Induktion in einem leitenden homogenen Zylinder durch äußere magnetische und elektrische Wechselfelder.

If you have any concerns about our products,
you can contact us on
ProductSafety@springernature.com

In case Publisher is established outside the EU,
the EU authorized representative is:
**Springer Nature Customer Service Center GmbH
Europaplatz 3, 69115 Heidelberg, Germany**

Printed by Libri Plureos GmbH
in Hamburg, Germany